北京市社科基金重大项目：《构建新发展格局与京津冀协同发展研究》（批准号 20ZDA31）
河北省科技厅项目：河北省创新能力提升计划软科学研究及科普专项项目《双循环战略下河北省制造业国际国内价值链嵌入与碳达峰实现最优路径研究》（项目编号：21557637D）
廊坊师范学院 2022 年度校级学术著作出版项目：XCB202203

产业结构、城镇化对京津冀雾霾的空间效应研究

回　莹　著

中国财经出版传媒集团
中国财政经济出版社

图书在版编目（CIP）数据

产业结构、城镇化对京津冀雾霾的空间效应研究 /
回莹著. --北京：中国财政经济出版社，2022.4

ISBN 978-7-5223-1279-8

Ⅰ.①产… Ⅱ.①回… Ⅲ.①城市群-城市空气污染
-研究-华北地区 Ⅳ.①X51

中国版本图书馆CIP数据核字（2022）第047827号

责任编辑：李筱文　　责任校对：张　凡
封面设计：思梵星尚　　责任印制：党　辉

产业结构、城镇化对京津冀雾霾的空间效应研究
CHANYE JIEGOU、CHENGZHENHUA DUI JINGJINJI WUMAI DE
KONGJIAN XIAOYING YANJIU

中国财政经济出版社 出版
URL：http：//www.cfeph.cn
E-mail：cfeph@cfeph.cn

社址：北京市海淀区阜成路甲28号　邮政编码：100142
营销中心电话：010-88191522
天猫网店：中国财政经济出版社旗舰店
网址：https：//zgczjjcbs.tmall.com
北京财经印刷厂印刷　各地新华书店经销
成品尺寸：170mm×240mm　16开　14.5印张　204 000字
2022年5月第1版　2022年5月北京第1次印刷
定价：68.00元
ISBN 978-7-5223-1279-8
（图书出现印装问题，本社负责调换，电话：010-88190548）
本社质量投诉电话：010-88190744
打击盗版举报热线：010-88191661　QQ：2242791300

序

“十四五”期间，我国经济发展的主要任务是立足新发展阶段，贯彻新发展理念，构建新发展格局，实现高质量发展。习近平总书记指出，高质量发展是“十四五”乃至更长时期我国经济社会发展的主题，关系我国社会主义现代化建设全局；高质量发展不只是一个经济要求，而是对经济社会发展方方面面的总要求。这意味着在未来相当长的时期内，我国必将由单纯注重 GDP 及其增长率的传统粗放型增长方式向创新驱动、绿色低碳的高质量发展方式转型。李克强总理在《2022 年政府工作报告》中也指出，要“持续改善生态环境，推动绿色低碳发展。加强污染治理和生态保护修复，处理好发展和减排关系，促进人与自然和谐共生”。

绿色发展既是我国高质量发展的内在要求，也是满足人民对美好生活需求的题中应有之义。因此，在发展中必须贯彻新发展理念，强化“绿水青山就是金山银山”意识，加快经济转型，走高质量发展之路。

走绿色发展之路，必须加快经济结构调整、转变发展方式。加快供给侧结构调整，其核心是产业结构的优化升级，因此必须加快推进科技创新，切实解决“卡脖子”关键技术，促进产业优化升级，突破供给约束堵点，依靠创新提高发展质量。

走绿色发展之路，必须坚持新型城镇化道路。新型城镇化是以人为本的城镇化，是注重质量的城镇化。应充分发挥中心城市和城市群综合带动作用，培育、壮大战略性新兴产业，有序实现产城融合。大中小城市和城市群要科学布局，与区域经济发展和产业布局紧密衔接，与资源环境承载能力相适应。

走绿色发展之路，必须充分发挥重点城市群的带动作用。《2022 年政府工作报告》也指出，必须“深入实施区域重大战略和区域协调发展战略。要加快推进京津冀协同发展、长江经济带发展、粤港澳大湾区建设、长三角一体化发展、黄河流域生态保护和高质量发展，高标准高质量建设雄安新区，支持北京城市副中心建设”。

京津冀是我国重点城市群之一，是北方经济发展的中心区域，是首都城市所在地，其绿色发展与转型之路任重而道远。长期以来，我与回莹博士一直致力于京津冀协同发展方面的研究，并略有心得。此书所涉及的研究领域，是我们师生共同感兴趣的选题，也是相关课题的系列成果之一。本书主要围绕以下几方面展开：

首先，京津冀城市群的发展离不开产业结构优化和高质量的城镇化。京津冀一体化和京津冀协同发展战略提出之后，中央多措并举不断促进京津冀城市群的协调发展，特别是国家雄安新区的设立，更进一步夯实了京津冀科技创新地位，促进了非首都功能疏解、产业结构与经济结构优化。从现实来看，京津冀如何进一步加快产业结构优化、推动高质量的城镇化，仍然有许多问题需要继续深入探讨。这也是本书研究的主要内容。

其次，前些年雾霾污染一直是困扰京津冀发展的重大环境问题。雾霾污染问题不但严重制约了京津冀城市群的生态环境优化及绿色发展，也给该城市群转型升级及合理布局带来新的挑战。本书以雾霾污染问题为突破口，多角度探讨了京津冀地区产业结构、城镇化对雾霾污染的空间效应，并提出了相关对策建议。这既与党中央提出的碳达峰、碳中和目标相契合，也符合京津冀发展的长远目标，因而具有较强的现实意义。

最后，本书的研究体现出了回莹博士坚持求索、扎实耕耘的学术态度，以及厚实的空间与区域经济学基础。空间格局的演化能够更好地展现出各要素在区域经济发展中的动态演变过程，空间方法在本书的应用也更好地展现了京津冀城市群中各地的空间联系和要素集聚，并在研究中多角度剖析了各地在发展过程中存在的不足之处。

回莹博士目前于廊坊师范学院从事教学科研工作。廊坊位于京津之间，区位优势显著。其工作生活位于京津冀城市群之中，对于京津冀城市群的发展与变迁有更深切的体会，对于未来的研究方向也有着清晰的规划和努力方向。作为其就学时的博士生导师，我殷切希望回莹博士继续秉持中央财经大学“求真务实”的校训，发扬刻苦求索、谦虚务实的学风，继续“真做研究，做真的研究”，为国家经济建设及京津冀协同发展做出贡献。

戴宏伟

（中央财经大学教授/博士生导师）

2022 年 5 月于北京沙河高教园

摘　要

目前，我国正处于工业化和城镇化高速发展时期。党的十六大报告以来，多次强调和重申工业化、城镇化发展与生态环境的关系。党的十九大报告强调要推动"新四化"的同步发展，指出建设现代经济体系必须要增强我国经济发展质量，而工业领域是经济质量增强的主要领域，我国工业已进入从粗放式发展模式向集约绿色发展模式转型的重要时期；报告还明确提出加快生态文明体制改革，建设"美丽中国"；同时我国城镇化正处于深入发展的关键时期，从速度型向以人为本、生态优先模式转变。

自2013年以来我国各地雾霾天气频发，空气质量指数频频报警，我国许多地区多次启动空气重污染红色预警，雾霾污染对人们身体健康、交通出行、生产等造成了严重危害。

京津冀地区是我国参与国际竞争的重要区域，对于北方经济社会发展起着重要作用，是我国现代化建设的重要支撑地区。京津冀协同发展已进入全面实施、加快推进阶段，但从现实形势来看，京津冀协同发展同时伴随着"京津冀雾霾一体化"，雾霾污染的频发昭示了生态文明建设的紧迫性。因此，在京津冀协同发展、城镇化水平大幅提高的背景下，尤其是中央宣布设立雄安新区，旨在疏解北京非首都功能的重大历史战略背景下，探究京津冀地区雾霾污染严重的成因，厘清京津冀地区雾霾污染、产业结构和城镇化关系，进一步识别京津冀地区雾霾污染治理效率及京津冀产业和人口的空间分布及时空格局演变规律，调整和优化京津冀地区的产业结构和城市群布局，具有重要的理论意义和现实紧迫性。

在逻辑上，本书沿着"基本理论与文献梳理→时空现状分析→京津冀雾霾污染与产业结构、城镇化的空间效应→三大城市群空间效应对比→京津冀环境效率与雾霾污染效率测度→京津冀雾霾、产业、人口空间集聚与时空格局演变”的基本路径展开系统分析。具体内容如下：

第1章，导论。提出本书的研究背景、研究问题，阐述研究意义，介绍本书的研究框架、研究目标、主要内容、创新点及不足。

第2章，理论基础与文献综述。首先对本书相关概念和基本理论进行界定和介绍；其次，梳理国内外有关雾霾污染与产业结构、城镇化、空间效应的相关理论和实证研究文献，并进行简要述评，然后从理论层面对雾霾污染、产业结构和城镇化水平的内在作用机理进行阐述。

第3章，对京津冀地区的雾霾污染、产业结构、城镇化发展的时空分布状况进行分析。从不同视角对京津冀雾霾污染、产业结构、城镇化水平和质量的时空分布现状进行描述，构建引力模型从经济联系强度、交通网络空间分布状况分析京津冀城市群的空间联系现状，并使用 ARCGIS 软件进行可视化分析。

第4章，对京津冀雾霾污染与产业结构、城镇化进行空间效应的实证分析。首先，选取三种权重矩阵对京津冀雾霾污染的空间相关性进行检验；其次，通过 ARCGIS10.2 等相关软件，对京津冀地区 2000—2012 年 PM2.5 浓度值数据进行提取，并选取相关数据，构建空间面板数据模型对京津冀雾霾污染与产业结构、城镇化的直接效应、间接效应和总效应进行了实证分析；为了保证数据的完整性与及时性，本书采用灰色关联度 GM（1，1）模型对 2013 年数据进行预测，并使用两种统计口径下的 PM2.5 浓度值数据构建 2010—2015 年短面板数据模型验证实证结果的可靠性。

第5章，以长三角城市群 26 个地级市、珠三角城市群 9 个地级市 2000—2012 年 PM2.5 浓度值数据及相关统计数据为依据，实证分析雾霾污染、产业结构和城镇化水平的空间效应，并与京津冀城市群进行对比，分析三大城市群在空间效应方面的异同。

第6章，对京津冀地区环境效率、雾霾污染治理效率及产业和人口的空间集聚和时空格局的动态演变进行分析。该部分首先使用数据包络分析法（DEA）对京津冀地区环境效率和雾霾污染治理效率进行测度，并对三大城市群进行比较分析；其次，使用标准差椭圆方法（SDE）和 Getis - Ord Gi *（冷热点分析）对京津冀雾霾污染和雾霾治理效率的空间集聚程度进行测度，在此基础上进一步分析京津冀城市群行业和人口的空间集聚与时空格局动态演变，并对三大城市群进行比较分析。

第7章，对京津冀地区生态产业和谐共生的样板城市雄安新区进行了分析。该部分首先分析了雄安新区的基本情况，介绍了雄安新区经济、产业、城镇化、生态环境的现状；其次，构建了雄安新区生态环境、产业、城镇化、社会、空间五个维度共生发展的指标体系，并对共生发展水平进行了测度；最后提出了雄安新区生态、产业、城镇化等维度的共生发展路径。

第8章，研究结论与展望。该部分首先概括了全书的主要结论；其次，探讨了京津冀地区产业结构的调整、梯度转移、空间布局优化及京津冀城市群功能空间布局优化的思路和建议；最后对进一步的研究方向进行了展望。

本研究的创新主要有三点：

第一，在理论研究上，加入空间要素构建了一个分析雾霾污染与产业结构、城镇化空间效应的统一研究框架，现有文献从空间角度研究京津冀雾霾污染、产业结构、城镇化三者效应关系的较少见。

第二，本书对京津冀地区雾霾污染治理效率进行了量化测度。现有文献多采取指标评价、平均值等方法来测度环境治理效率，但对雾霾污染治理效率的测度还没有涉及。

第三，本书使用标准差椭圆（SDE）的方法绘制出京津冀地区雾霾污染和雾霾污染治理效率的特征椭圆，并用同样的方法测算出京津冀地区各行业和人口的空间集聚程度，探讨对京津冀地区产业空间梯度转移的方向和京津冀城市群进行空间布局优化的具体路径，为京津冀协同发展和雄安新区的建设提供借鉴意义。

通过上述研究，本书得到了如下主要结论：

1. 京津冀地区雾霾污染与产业结构、城镇化水平的时空分布密切相关。从京津冀地区雾霾、产业结构和城镇化时空现状发现，造成京津冀地区雾霾污染在全国各省市排名前列的主要原因，即是京津冀地区产业结构不合理，第二产业比重过高，特别是重化工行业比重过高，城镇化质量水平整体不高。北京市和天津市在空气质量、产业结构和城镇化水平上均优于河北省，但整个京津冀地区内发展不平衡，差异较大。京津冀地区的产业结构转型和城镇化水平质量提高的潜力巨大。整体而言，京津冀城市群的经济联系和交通联系强度有所增强，但需进一步发挥北京和天津的辐射带动作用。

2. 京津冀地区雾霾污染存在显著空间相关性，与产业结构、城镇化水平之间存在明显的空间效应。通过对京津冀地区的雾霾污染空间相关性检验发现，京津冀地区的雾霾污染具有明显的空间集聚效应。在不同的空间关联权重矩阵下，雾霾污染与产业结构呈“倒U形”曲线形状，产业结构不仅使京津冀各省市自身的雾霾污染加重，还会使其周边地区雾霾污染加重；城镇化水平对京津冀地区的雾霾污染具有促增和抑制两个相反方向的作用；实际人均GDP的提高有利于改善京津冀地区的雾霾污染，但产业转移会对邻接或相近地区的雾霾污染产生促增作用；外商直接投资额的增加、对外贸易依存度的提高和人口密度的增加不利于京津冀地区雾霾污染的改善。产业结构的优化升级，城镇化水平质量不断提高，均会对本地区及周边地区的雾霾污染产生负的外部性。京津冀、长三角和珠三角三大城市群雾霾污染均具有一定的空间依赖性，珠三角城市群雾霾污染空间相关性弱于其他两个城市群，并呈波动式发展。但三大城市群雾霾污染的成因又各不相同，产业结构和城镇化水平空间效应强弱也不同，各因素不仅对各城市群本地区也会对其周边地区的雾霾污染造成影响，同时还存在反馈效应。

3. 京津冀地区雾霾治理效率有待进一步提高，雾霾、产业和人口具有空间集聚性且时空格局演变呈一定规律性变化。京津冀地区整体环境效率较低，呈下降趋势，且地区间不平衡，雾霾污染治理效率在全国范围内偏低，总体上低于长三角和珠三角城市群。京津冀地区雾霾污染具有较明显的空间集聚特征，且呈“东北—西南”方向分布的空间格局并向两边延展；京津冀地区第二产业与雾霾污染的偏移方向大致相同，第三产业与雾霾污染扩散方向相反，雾霾污染行业等子类行业时空演化规律与京津冀产业转移方向一致，且各类型子行业与雾霾污染的空间差异系数较小。京津冀地区人口空间集聚度下降且在空间格局扩散的方向与展布基本与雾霾污染扩散方向和展布一致。三大城市群在雾霾、产业和人口的空间分布及时空格局演化方面呈不同特征。

Abstract

At present, China is in the period of rapid development of industrialization and urbanization. Since the report of the 16th National Congress, the relationship between the development of industrialization and urbanization and the ecological environment has been emphasized and reiterated. The report of the 19th National Congress emphasized to promote the synchronous development of "new four modernizations" . It also points out that the construction of the modern economic system must enhance the quality of our country's economic development. And industry is the main area of economic quality enhancement. China's industry has entered the important period of transformation from extensive development mode to intensive green development mode, and clearly proposed to accelerate the reform of ecological civilization system and build "beautiful China" . At the same time, China's urbanization is in the key period of deep development, changing from the speed type to the people-oriented and ecological priority mode. Since 2013, smog weather has been frequent everywhere. Air quality index has frequently reported to the public. Air pollution warning has been launched many times. Smog pollution has caused serious harm to people's health, traffic and production.

The Beijing-Tianjin-Hebei region is an important area for China to participate in international competition and plays an important role in the economic and social development of the North. It is an important support area for China's modernization. The coordinated development of Beijing, Tianjin and Hebei has entered the stage of full implementation and acceleration. But from a realistic perspective, the coordinated development of Beijing-Tianjin-Hebei is accompanied by the smog integration of Beijing-Tianjin-Hebei. The frequent occurrence of smog pollution shows the urgency of building ecological civilization. Therefore, under the background of the coordinated development of Beijing-Tianjin-Hebei, and a significant increase in the urbanization level, especially in the context of major national historical strategies of the Central Government announced the establishment of the Xiong'an New District and aiming to unravel non-capital functions of Beijing, there is an important theoretical significance and realistic urgency on exploring the causes of smog pollution in Beijing-Tianjin-Hebei region, clarifying the relationship between smog pollution, industrial structure and urbanization in Beijing-Tianjin-Hebei region, to further identify the governance efficiency of smog pollution in the Beijing-Tianjin-Hebei region, and the spatial distribution and spatial-temporal pattern evolution of the industry and population of Beijing-Tianjin-Hebei, adjusting and optimizing the industrial structure and city layout of the Beijing-Tianjin-Hebei region.

In logic, this article develops system analysis along such a basic path: "Basic theory and literature review→time and space analysis→the spatial effect of the smog pollution of Beijing-Tianjin-Hebei, structure and urbanization→comparison of Spatial Effects of Three Major Urban Agglomerations→Measurement of Environmental Efficiency and smog Pollution Efficiency in Beijing-ianjin-Hebei→smog, industry, population space agglomeration and Spatial-temporal patterns evolution in Beijing-Tianjin-Hebei" The specific contents are as follows:

Chapter one, introduce. Propose the research background, research questions, research significance, and introduce research framework, research objectives, main contents, innovations and shortcomings of this paper.

Chapter two, literature review and theoretical introduce. Firstly, define and introduce the relevant concepts and basic theories of the article. Then comb the theory at home and abroad about the smog pollution and industrial structure, urbanization, spatial effect and empirical research literature, and made a brief review; and finally from the theoretical level of the internal mechanism of smog pollution, industrial structure and urbanization level are described.

Chapter three, the spatial and temporal distribution of fog and smog pollution, industrial structure and urbanization in Beijing-Tianjin-Hebei region are analyzed. It describes the distribution of the smog pollution, industrial structure, urbanization level from different perspectives, and builds the gravity model to analyze the strength of the space connection status from economic ties, traffic network in Beijing-Tianjin-Hebei city group, and visual analysis using ARCGIS software.

Chapter four, empirical analyze of the spatial effects of the smog pollution in Beijing-Tianjin-Hebei and the industrial structure and urbanization. First, three kinds of weight matrix are selected to test the spatial correlation of smog pollution in Beijing, Tianjin and Hebei. Second, through the ARCGIS10. 2 software, the concentration of PM2. 5 in 2000—2012 years in Beijing-Tianjin-Hebei region data are extracted, and select the relevant data, build the spatial panel data model to empirical analyze the direct effect, indirect effect and total effect of smog pollution and industrial structure, urbanization in Beijing-Tianjin-Hebei region. In order to ensure the data integrity and timeliness, this paper use the grey correlation GM (1, 1) model to forecast the data of 2013, and using two kinds of statistical values of PM2. 5 concentration data to build short panel data model or 2010—2015 years to verify the empirical results.

Chapter five, on the basis of the PM2. 5 data and relevant statistical data of 26 prefecture-level cities in the Yangtze River Delta city group and 9 prefecture-level cities in the Pearl River Delta City during 2000—2012, empirical analyze of spatial effects of smog pollution, industrial structure and urbanization level, and compared with Beijing-Tianjin-Hebei city group, analysis of similarities and differences between the three big city group in the aspect of space effect.

Chapter six, analyzes the environmental efficiency of Beijing, Tianjin and Hebei Province, the efficiency of smog pollution control, the spatial agglomeration of industry and population and the dynamic evolution of the spatial and temporal pattern. The first part, use the Data Envelopment Analysis (DEA) to measure the efficiency and efficiency of environmental pollution smog in Beijing-Tianjin-Hebei region, and a comparative analysis of the three major urban agglomerations; and then use the Standard Deviation Ellipse method (SDE) and Getis-Ord Gi * (cold and hot analysis) to measure the degree of spatial agglomeration of smog pollution and governance efficiency in Beijing-Tianjin-Hebei region. On this basis, further analyze the spatial concentration of industry, population and the dynamic evolution of the space-time pattern in Beijing-Tianjin-Hebei city group, and then the three major urban agglomerations are compared.

Chapter seven analyzes Xiong'an New area, a model city of harmonious symbiosis of ecological industry in Beijing-Tianjin-Hebei region. First, this part analyzes the basic situation of Xiong'an New area, and introduces the current situation of economy, industry, urbanization and ecological environment of Xiong'an New area. Then it constructs the index system of symbiotic development of ecological environment, industry, urbanization, society and space in Xiong'an New area, and measures the level of symbiotic development. Finally, it puts forward the symbiotic development path of Xiong'an New area, such as ecology, industry, urbanization and so on.

Chapter eight, research conclusions and prospects. The first part summarizes the main conclusions of this paper; and then discusses the ideas and suggestions of adjustment of industrial structure, gradient transfer, optimizing space layout in Beijing-Tianjin-Hebei city group; finally, the further research direction is prospected.

There are three main innovations in this study:

First, in theoretical research, this study has constructed a unified research framework for analyzing the spatial effects of smog pollution, industrial structure and urbanization by adding spatial elements. In the existing literature, the relationship between the smog pollution, industrial structure, and urbanization of the Beijing-Tianjin-Hebei region is rarely seen from the perspective of space.

Second, this study measures the efficiency of smog pollution control in the

Beijing-Tianjin-Hebei area. The existing literature mostly adopts methods such as indicator evaluation and average to measure the efficiency of environmental management, but the measurement of the efficiency of smog pollution control has not been involved.

Thirdly, this study uses the standard deviation ellipse (SDE) method to plot the characteristic ellipse of smog pollution and its control efficiency in the Beijing-Tianjin-Hebei region. In the same way, the degree of spatial agglomeration of various industries and populations in the Beijing-Tianjin-Hebei region is described. Based on this, this study explores the direction of the industrial spatial gradient transfer and the specific path of spatial optimization in the Beijing-Tianjin-Hebei region, and provides reference for the coordinated development of Beijing-Tianjin-Hebei and the construction of Xiong-An New District.

Through the above research, the main conclusions are obtained:

1. The smog pollution in the Beijing-Tianjin-Hebei region is closely related to the spatial and temporal distribution of industrial structure and urbanization level. From the spatio-temporal status of smog, industrial structure, and urbanization in the Beijing-Tianjin-Hebei region, it is found that the main reason for smog pollution is the irrational industrial structure in Beijing, Tianjin and Hebei provinces. The proportion of the second industry is too high, especially the proportion of heavy chemical industry is too high, and the quality level of urbanization is not high. Beijing and Tianjin are superior to Hebei in the air quality, industrial structure and urbanization level, but the development in the region is uneven and the difference is large. The transformation of industrial structure and the improvement of the level of urbanization in Beijing, Tianjin and Hebei region have great potential. As a whole, the urban agglomeration of Beijing-Tianjin-Hebei has increased the intensity of economic contact and traffic contact. However, it is necessary to further promote the use of radiation in Beijing and Tianjin.

2. There is a significant spatial correlation of haze pollution in the Beijing-Tianjin-Hebei area, and There is a clear spatial effect between the smog, indus-

trial structure and the level of urbanization. Through the spatial correlation test of smog pollution in Beijing-Tianjin-Hebei region, it is found that the smog pollution in Beijing-Tianjin-Hebei region has obvious spatial agglomeration effect. Under different spatial correlation weight matrix, the smog pollution and industrial structure show inverted U-shaped curves. The industrial structure has not only increased smog pollution in the provinces and cities of Beijing-Tianjin-Hebei, but also increased smog pollution in the surrounding areas. The level of urbanization of the Beijing-Tianjin-Hebei region can promote growth and inhibit the staining of two opposite directions the actual effect. The improvement of per capita GDP is conducive to the improvement of the smog pollution in Beijing-Tianjin-Hebei region. But the industrial transfer will have a contributing role to the haze pollution of adjacent areas. The increase of foreign direct investment, foreign trade dependence and the population density is not conducive to the smog pollution improvement in Beijing-Tianjin-Hebei region. The optimization and upgrading of the industrial structure and the continuous improvement of the level of urbanization will bring negative externalities to the smog pollution in the region and the surrounding areas. Smog pollution in Beijing-Tianjin-Hebei, Yangtze River Delta and Pearl River Delta has their spatial dependence. The spatial correlation between smog pollution in the Pearl River Delta urban agglomeration is weaker than the other two urban agglomerations. However, the causes of smog pollution are different among the three urban agglomerations are different. The spatial effects of industrial structure and urbanization level are also different. All factors not only affect the smog pollution in the surrounding areas of urban agglomeration, but also have feedback effects.

3. The efficiency of smog control needs further improvement in Beijing-Tianjin-Hebei area. Smog, industry and population have spatial agglomeration and the evolution of temporal and spatial pattern is regular. The overall environmental efficiency of Beijing-Tianjin-Hebei region is relatively low, showing a downward trend and imbalance between regions. The efficiency of smog pollution control is

low in the whole country, which is generally lower than that in Yangtze River Delta and Pearl River Delta urban agglomerations. Smog pollution in Beijing-Tianjin-Hebei region has obvious spatial agglomeration characteristics and a "northeast-southwest direction" of the spatial distribution pattern and extends in both directions. The shift in the secondary industry and smog pollution in the Beijing-Tianjin-Hebei area is roughly the same, while the third industry is opposite to the spread of smog pollution. The spatio-temporal evolution of sub-industries such as smog-contaminated industry is in line with the direction of Beijing-Tianjin-Hebei industrial transition. And the spatial difference coefficient between various sub-sectors and smog pollution is small. The spatial concentration of population in Beijing-Tianjin-Hebei is decreasing and the direction and distribution of spatial pattern diffusion are basically consistent with the direction and distribution of the diffusion of smog pollution. The spatial distribution of smog, industry and population and the evolution of the spatial and temporal pattern of the three major urban agglomerations are different.

目　录

第1章

导　论

1.1 研究背景、问题及意义

1.1.1 研究背景

第二次世界大战前后，主要发达国家在发展经济的同时却忽略了环境保护，导致了“20 世纪十大环境公害事件”的出现，其中五件与大气污染相关：1930 年的比利时马斯河谷烟雾事件；1943 年的洛杉矶光化学烟雾事件；1948 年美国宾夕法尼亚州爆发了多诺拉烟雾事件；1952 年，伦敦爆发了著名的“伦敦烟雾事件”；1961 年日本的四日市事件。由此可见，国外发达国家在现代化进程中伴随着环境污染问题。近年来，随着全球气候变暖和发展中国家的工业化发展，雾霾又再次回到大众视野。2015 年，英国、法国、西班牙、德国等遭遇近年来最严重雾霾；2017 年，韩国多地遭遇雾霾天气；印度的雾霾问题同样由来已久，2017 年新德里雾霾一度爆表……中国也不例外，2013 年以来雾霾天气频发，从华北到中部乃至黄淮、江南地区、东北地区，笼罩了大半个中国，并且持续不断，各地空气质量指数频频报警，多次启动空气重污染红色预警。

雾霾污染给人们身体健康、交通出行、生产等带来了严重危害。首先，雾霾污染容易引发呼吸道疾病、脑血管疾病、鼻腔炎症等。据美国环保署发布的《关于空气颗粒物综合科学评估报告》显示，大气细粒子能吸附大量有致癌物质和基因毒性诱变物质，从而提高死亡率。2013 年《PM2.5 的健康危害和经济损失评估研究》① 中指出，2012 年仅北京、上海、广州、西安四市因 PM2.5 污染造成早死人数共计 8572 人，经济损失共计 68.2 亿元。由此可见，PM2.5 污染给城市居民公共健康带来巨大危

① 该报告由环保组织绿色和平与北京大学公共卫生学院发布。

害。其次，雾霾污染给人们的出行造成困扰，雾霾天气的出现伴随着限行、限速、限飞、航班取消等情况；严重的雾霾天气造成能见度降低，导致交通堵塞、安全事故频发。此外，雾霾天气的频发还导致各地企业停工限产时间日益增加，对经济发展和运行产生了重要影响。

目前，我国正处于工业化和城镇化的高速发展时期。党的十六大报告发布以来，多次强调和重申工业化、城镇化发展与生态环境的关系，十九大报告强调要推动“新四化”的同步发展，并指出建设现代经济体系必须要增强我国经济发展质量，而工业领域是经济质量增强的主要领域，目前我国工业已迈入从粗放式发展模式向集约绿色发展模式转型的重要时期；同时我国城镇化正处于深入发展的关键时期，从速度型向以人为本、生态优先模式转变。但从近几年国家环保部公布的《中国环境状况公报》中可以看到，石家庄、邢台、唐山、保定、衡水、邯郸、廊坊等城市多次出现在空气质量较差城市排名中，而这些城市均位于京津冀地区，并且雾霾污染呈现出持续时间长、污染范围广等特点，2013 年、2014 年京津冀三地重度污染天数占全年天数百分比均在 10% 以上，甚至达到 20% 以上，在全国重度污染天数占比中排前列。由此可见，京津冀地区是雾霾污染最为严重的地区之一，这严重影响到京津冀地区的发展，甚至影响京津冀地区的国际形象和地位。

2014 年 2 月，习近平总书记在北京主持召开京津冀协同发展工作座谈会，在座谈会上指出“实现京津冀协同发展，是一个重大国家战略”，将京津冀协同发展上升为重大国家战略。2015 年召开的全国“两会”上，第一次把“京津冀一体化”写入政府工作报告。但从现实形势来看，“京津冀一体化”发展同时伴随着“京津冀雾霾一体化”。因此，在京津冀协同发展、城镇化水平大幅提高的背景下，尤其是中央宣布设立雄安新区，旨在疏解北京非首都功能的重大国家历史战略背景下，京津冀地区的雾霾污染问题亟待解决。

京津冀地区雾霾污染与生产、生活所排放的大量污染物密不可分。2013 年，《雾霾真相——京津冀地区 PM2. 5 污染解析及减排策略研究》①

---

① 该报告由绿色和平与英国利兹大学研究团队联合发布。

指出，京津冀地区雾霾污染PM2.5的主要来源即为工业排放源。2015年和2017年的《京津冀雾霾治理政策评估报告》① 也显示，污染物排放对京津冀雾霾污染PM2.5具有显著影响。2016年底《气候变化绿皮书：应对气候变化报告（2016）》② 一书中同样指出，以煤为主的能源结构、以重化工业为主的产业结构和汽车尾气排放等是造成京津冀地区雾霾污染严重的主要原因。从上述报告可以看出，随着京津冀地区工业化和城镇化的不断推进，产业集聚和人口集聚与雾霾污染存在密切关系。因而，积极探索京津冀地区雾霾污染成因及其与产业结构、城镇化水平之间的关系不仅是京津冀地区面临的一个重要的社会问题，也是推动建设“美丽中国”的必然要求。

1.1.2 问题的提出

针对日益严峻的雾霾形势，国家高度重视，明确把环境治理列入《中华人民共和国国民经济和社会发展第十三个五年规划纲要》（以下简称“十三五”规划纲要）。为加快改善京津冀地区空气质量，北京市、天津市、河北省三地采取多项措施联合治污，关停“散小乱污”企业、削减钢铁产能等。但基于雾霾扩散与传导的特点，单凭一省或一市之力无法彻底根治雾霾污染，京津冀地区雾霾治理还需要三地进行区域联防联控，打破三地行政规划，协同防治。为此，京津冀三地共同出台《京津冀及周边地区大气污染防治中长期规划》，三地签订大气污染联防联控合作协议，协同治霾。2013年国务院发布《大气污染防治行动计划》（简称“大气国十条”），明确提出了京津冀等地可吸入颗粒物浓度控制的具体目标。这些举措在一定程度上缓解了京津冀地区雾霾，但这些举措并没有从根本上消除雾霾天气，治理雾霾将是一个长期的过程，而产业转型是京津冀地区雾霾治理的必经之路。从现有产业结构状况来看，京津冀地区产业结构失衡，重工业比重偏高，特别是河北省产业主要集中在钢铁、建材、石化、电力等“两高”行

① 该报告由中国人民大学首都发展与战略研究院发布。

② 该书由中国社会科学院—中国气象局气候变化经济学模拟联合实验室组织联合出版。

业，排放量多，能源消耗多，是京津冀地区雾霾污染严重的主要原因之一。

综上所述，产业结构和城镇化势必会影响雾霾污染的严重程度，但具体是如何影响的？影响的具体路径何在？三者之间的内在机制是什么？在雾霾污染倒逼产业结构调整下京津冀地区产业空间格局如何变化？京津冀地区如何进行产业空间梯度转移及城市群的空间布局优化？要回答这些问题，必须要将雾霾污染、产业结构、城镇化水平置于统一框架下进行研究。

因此，探究京津冀地区雾霾污染严重的成因，厘清京津冀地区雾霾污染、产业结构和城镇化关系，对京津冀地区的产业结构进行调整，对京津冀城市群进行优化布局，势在必行。但总体来看，由于雾霾形成因素的复杂性、首都所在区域的特殊性、京津冀跨区域协调的困难性，京津冀雾霾的治理形势依然严峻。由此可见，对京津冀地区雾霾污染的成因，对其与产业结构、城镇化水平的关系进行梳理与分析，并提出相关对策建议是一个很有价值的论题。

1.1.3 研究意义

2014 年 2 月，京津冀协同发展上升为重大国家战略；2015 年召开的全国“两会”，将“京津冀一体化”写入政府工作报告中；2017 年 4 月，中共中央、国务院决定设立河北雄安新区。由此可以看出，国家高度重视京津冀地区的发展。特别是刚刚设立的雄安新区，旨在“集中疏解北京非首都核心功能，探索人口经济密集地区优化开发新模式，调整优化京津冀城市布局和空间结构，培育创新驱动发展新引擎”①；致力于打造“绿色生态宜居新城区、创新驱动发展引领区、协调发展示范区、开放发展先行区”②。但从雄安新区所处位置来看，雄安新区位于京津冀腹地，同样会受到京津冀地区雾霾污染的影响。要对京津冀地区雾霾污染进行治理，必须厘清以下问题：为何京津冀雾霾污染如此严重，如何治理京津冀地区雾霾污染，如何疏解北

---

① 河北雄安新区设立 [N]. 人民日报，2017-04-02 (001).
② 河北雄安新区设立 [N]. 人民日报，2017-04-02 (001).

京非首都核心功能和打造绿色生态宜居新城区，如何进行京津冀地区产业转移，如何调整优化京津冀城市布局和空间结构以实现京津冀协同发展。为厘清这些问题，本书将对京津冀地区雾霾污染的成因与产业结构、城镇化的空间效应进行分析。具体来讲，本书的意义体现在以下两方面：

（1）理论意义

构建了一个雾霾污染与产业结构、城镇化之间关系的理论分析框架。国内对环境污染与经济之间关系的研究起步较晚，大部分的研究都集中在环境污染与经济增长之间的关系上，对环境污染的研究主要是采取工业排放的二氧化硫、二氧化氮等污染物作为衡量指标。国内对于雾霾污染的主要污染物 PM2.5 的监测起步较晚，尤其是地级市的 PM2.5 浓度值数据缺失严重，因此对雾霾与产业结构、城镇化的相关研究较少。此外，城市数量的增加、空间的扩张及规模的扩大均对城市的雾霾污染状况产生了深远影响。城镇化水平对雾霾的影响具有正负双向效应，城镇化水平的提高会加剧雾霾污染，但城镇化质量的提高也会减少雾霾污染。因此要综合考虑城镇化对雾霾影响的总效应因素。

本书从空间视角考察了京津冀地区雾霾污染、产业结构、城镇化的空间效应，并对三者的内在机理作用进行了较深的研究，丰富了环境污染对经济影响等理论的研究框架，为相关理论研究提供了现实基础。该研究范式涉及环境经济学、产业结构理论、城市群理论、地理学等相关知识，有望推进学科交叉和融合，形成系统研究雾霾污染与产业结构、城镇化问题的理论体系。

（2）现实意义

第一，为新常态下我国生态文明建设、产业结构转型、城市群产业空间布局提供合理的理论解释和政策建议。在经济新常态背景下，中国迫切需要解决环境污染问题，对产业结构进行升级和转型。本书通过对雾霾污染的成因进行分析，对雾霾污染与产业结构、城镇化三者的内在机理和空间效应进行详细分析，对京津冀地区产业结构转型、城市群空间布局和雾霾污染治理提出针对性和可操作性的政策建议。

第二，对疏解北京非首都功能和雄安新区建设具有重要的参考和借鉴意义。目前北京交通拥堵、人口过多、房价高涨、生态环境问题等“大城市病”现象十分突出，同时北京对周边资源的“虹吸效应”造成了京津冀的“环京贫困带”的形成。因此，必须把北京的“非首都功能”疏解出去。目前雄安新区的建设还处于初期阶段，如何把雄安新区建设成为“绿色生态宜居新城区、创新驱动发展引领区、协调发展示范区、开放发展先行区”①，而不是走石家庄、保定等城市的老路，是值得深思的问题。因此，本书通过对京津冀地区雾霾污染、产业结构、城镇化水平空间效应的研究，对京津冀地区环境污染治理效率及雾霾污染效率的测度，对产业空间集聚和时空格局的动态演变的分析，明确提出要对京津冀城市群进行功能调整、空间优化布局，为京津冀的进一步协同发展提供针对性建议。

1.2 研究思路与研究框架

1.2.1 研究思路

本书基于问题为导向的科学研究原则，以京津冀协同发展过程中存在的雾霾污染、产业结构和城镇化水平及其之间的空间效应为研究议题。第一，研究和阅读大量的国内外环境、产业和城镇化发展及其相关关系的理论及文献，并进行梳理和总结；第二，在现有相关理论和三者之间关系文献的基础上，对雾霾污染、产业结构和城镇化水平的概念进行界定，从理论层面探讨三者之间的作用机理；第三，在分析京津冀地区雾霾污染、产业结构、城镇化水平时空分布及城市群的空间联系现状的基础上，构建数理模型，对京津冀地区雾霾污染、产业结构、城镇化水平的空间效应进行实证分析并对比三大城市群在空间效应方面的异同；第四，利用数据包络法（DEA）和标准差椭圆法（SDE）对京津冀地区的环境效率、雾霾污染治理效率及其与各行

---

① 河北雄安新区设立［N］．人民日报，2017-04-02（001）．

业、人口的空间集聚、转移和时空格局动态演变进行了详细分析、对比；第五，总结全书的基本结论，并提出未来京津冀地区产业转移、城市群空间布局优化的总体思路及建议，并指出本研究的不足及对未来研究的展望。

1.2.2 研究框架

本书的研究框架如图1-1所示。

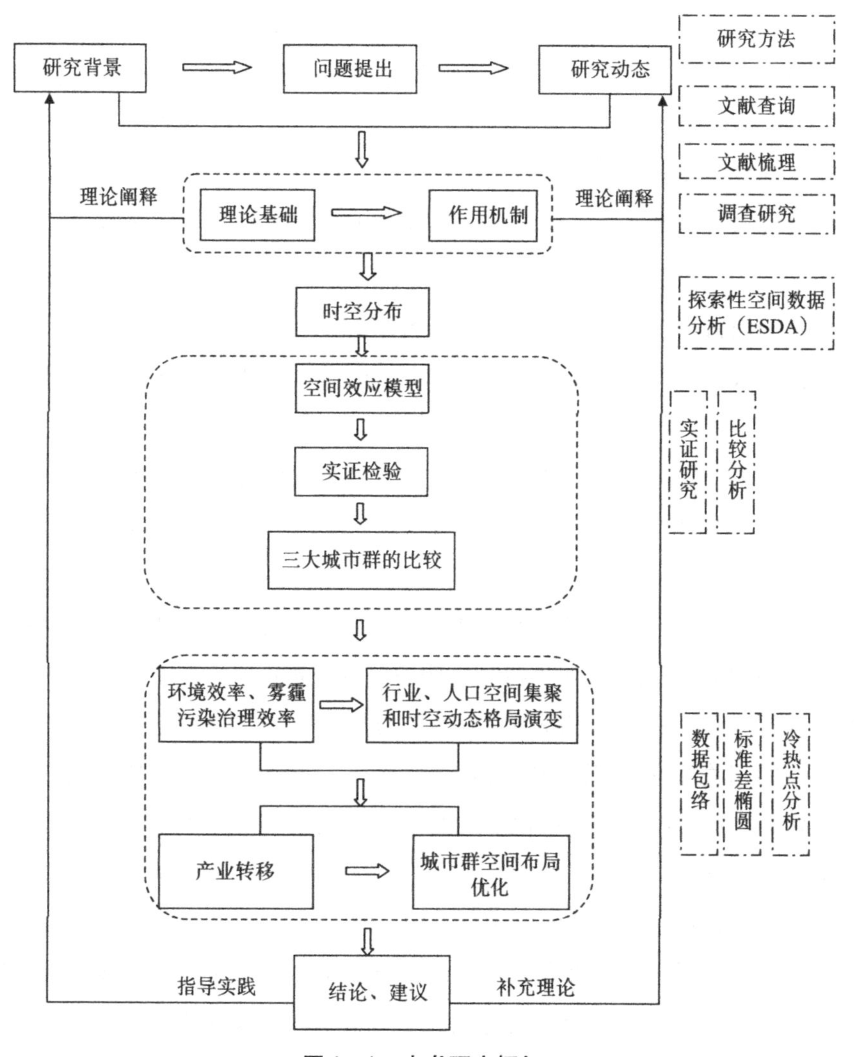

图1-1 本书研究框架

1.3 研究内容和研究方法

1.3.1 研究内容

随着我国工业化和城镇化的不断推进，经济迅速发展的同时，也产生了一系列的问题，产业结构不合理，环境污染严重，经济粗放式增长；城镇化速度过快导致城市能源消耗、汽车尾气排放等污染物增多等。因此本书通过探寻京津冀地区雾霾污染严重的成因，采取空间方法考察京津冀地区雾霾与产业结构、城镇化水平的空间效应，并使用数据包络方法（DEA）和标准差椭圆方法（SDE）分别对京津冀地区的环境效率、雾霾污染治理效率、产业空间集聚进行测度，进而对京津冀地区的非首都功能的疏解和城市群的布局优化进行探索分析。本书研究主要包括以下七章：

第1章，导论。本章提出本书的研究背景、研究问题，阐述本书的研究意义，对本书的研究框架、研究目标、主要内容、创新点及不足等进行具体介绍。

第2章，理论基础与文献综述。本章首先对本书相关概念进行界定，对所使用的EKC理论、污染避难所假说、区位理论、区际产业转移等相关理论进行介绍；其次，梳理国内外有关雾霾污染与产业结构、城镇化、空间效应的相关理论和实证研究文献，并进行简要述评；最后从理论层面对雾霾污染、产业结构和城镇化水平的内在作用机理进行了阐述。这是全书研究的理论基础。

第3章，对京津冀地区的雾霾污染、产业结构、城镇化发展的时空分布状况进行分析。本章首先从空气质量优良天数、AQI指数、雾霾污染时空分布、“三废”污染物排放等角度分析京津冀雾霾污染的现状；其次，从三大产业比重、各行业区位商、产业结构相似度、各主要行业结构时空变化等角度分析京津冀地区产业结构的现状及空间结构；再次，从城镇化水平和城镇化质量对京津冀地区的城镇化现状进行描述；最后在构建引力模型的基础上，从经济联系强度、交通网络空间分布状况分析了京津冀城市群的空间联系现状。

第4章，对京津冀雾霾污染与产业结构、城镇化进行空间效应的实证分析。本书首先对京津冀雾霾污染的空间相关性进行检验。选取三种空间关联权重矩阵，通过计算全局莫兰指数及局部莫兰指数检验京津冀雾霾污染的空间相关性，并根据LISA图分析京津冀雾霾污染的空间分布特征。其次，通过ARCGIS10.2等相关软件，对京津冀地区2000—2012年PM2.5浓度值数据进行提取，构建空间面板数据模型分析京津冀雾霾污染、产业结构、城镇化的空间效应；为了保证数据的完整性与及时性，本书采用灰色关联度GM（1，1）模型对2013年数据进行预测，并使用两种统计口径下的PM2.5浓度值数据构建2010—2015年短面板数据模型验证实证结果的可靠性。

第5章，以长三角城市群26个地级市、珠三角城市群9个地级市2000—2012年PM2.5浓度值数据及相关统计数据为依据，实证分析雾霾污染、产业结构和城镇化水平的空间效应，并与京津冀城市群进行对比，分析三大城市群在空间效应方面的异同。

第6章，对京津冀地区环境效率、雾霾污染治理效率及产业和人口的空间集聚及时空格局的动态演变进行分析。该章首先使用数据包络分析法（DEA）对京津冀地区环境效率和雾霾污染治理效率进行测度，并对三大城市群进行比较分析；其次，使用标准差椭圆方法（SDE）和Getis - Ord Gi *（冷热点分析）对京津冀雾霾污染和雾霾治理效率的空间集聚程度进行测度，在此基础上进一步分析京津冀城市群各行业和人口的空间集聚与时空格局动态演变规律，并对三大城市群进行比较分析。

第7章，研究结论、建议与展望。该章首先概括了全书的主要结论；其次，探讨了京津冀地区产业结构的调整、梯度转移、空间布局优化及京津冀城市群功能空间布局优化的思路和建议；最后指出本书研究的不足之处，并对未来的研究工作进行了展望。

1.3.2 研究方法

本书在研究内容上涉及空间经济学、计量经济学、区域经济学等学科的内容，并结合地理学科优势，因此在研究方法上将综合多种方法，整体上采用定量与定性相结合、理论与实证相结合、静态与动态相结合的研究范式，具体研究方法包括：

（1）探索性空间数据分析（ESDA）

本书在全面梳理现有研究的基础上，鉴于京津冀地区在全国经济发展中的重要战略意义，通过大量数据的搜集及对社会现象观察，对京津冀地区雾霾污染、产业结构、城镇化水平从定性地描述、观察等研究开始，然后再采用区位熵、产业结构相似系数、数据包络（DEA）等方法的基础上，使用探索性空间数据分析法（ESDA）中的密度分析、联系强度、标准差椭圆方法（SDE）和 Getis－Ord Gi＊（冷热点分析）等空间统计分析方法，借助 ARCGIS10.2 软件，对京津冀地区的雾霾污染、产业结构、城镇化水平时空分布、空间集聚特征和时空格局演化规律进行了系统、动态地分析，以确定未来京津冀地区产业梯度转移和空间布局优化的具体路径并提出政策建议。

（2）实证分析法

本书在引入引力模型的基础上，对京津冀城市群的空间联系强度进行了测度，并使用数据包络分析法（DEA）对京津冀地区的环境效率和雾霾污染治理效率进行了测度。在实证分析部分使用 ENVI 和 ARCGIS10.2 等软件对京津冀地区雾霾污染的 PM2.5 浓度值数据进行处理和提取，引入三种空间关联权重矩阵，采用 Moran's I 检验、Moran 散点图和 LISA 图考察分析京津冀雾霾污染的空间相关性和空间分布特征；然后构建空间滞后模型（Spatial Lag Model）和空间杜宾模型（Spatial Durbin Model），使用 Geoda1.8、stata14.0、matlab2012b 等软件，与对其时空格局演化规律相结合，从静态和动态两个角度定量地对京津冀地区雾霾污染与产业结构、城镇化水平的空间效应及三大城市群的空间效应进行更深一步地分析。同时，为了保证研究数据的完整性和及时性，本书采用灰色关联度 GM（1，1）模型，对 2013 年京津冀各省市 PM2.5 浓度值进行预测，并构建短面板空间计量模型对空间效应进行补充验证。

（3）比较分析法

本研究使用比较分析法分析了我国三大城市群雾霾污染、产业结构和城镇化水平在空间效应、环境效率、雾霾污染治理效率及其空间集聚和时空格局动态演化过程、规律等方面的异同，并使用 ARCGIS10.2 软件对相应空间数据进行可视化，有利于进一步把握京津冀地区产业和人口的空间分布规律和时空变化趋势。

1.4 研究的重点难点、创新与不足之处

1.4.1 研究的重点、难点

1. 研究的重点

本书研究重点是通过构建空间计量模型分析京津冀地区产业结构、城镇化等因素对雾霾污染的影响及其相互间的空间效应，与长三角、珠三角城市群进行类比，分析三大城市群在空间效应方面的异同；在对京津冀地区的环境效率和雾霾污染治理效率进行测度的基础上，考察京津冀地区雾霾污染、产业和人口的空间集聚程度和时空格局动态演化过程及规律，提出京津冀产业空间转移及空间布局优化的具体路径以缓解雾霾污染。

2. 研究的难点

本书从空间角度分析了京津冀雾霾污染与产业结构、城镇化的空间效应。有关环境污染与经济增长和环境污染与产业结构的研究较多且比较成熟，但有关雾霾污染与产业结构、城镇化空间效应的研究还不丰富，可直接参考的文献有限，在文献收集整理、模型构建等方面遇到很多困难，主

要包括：

第一，雾霾污染近几年才引起国内广泛关注，因此研究起步较晚，相关文献较少，在文献梳理过程中，对国外文献的阅读量较大。此外，一些国外文献检索难度较大，在文献的阅读梳理过程中耗费更多的时间。

第二，数据获得的困难性。本书拟选取京津冀地区 13 个省市的 PM2. 5 数据，但河北省 PM2. 5 数据的监测始于 2013 年，数据缺失严重，且翔实而准确的地级市数据，均对本书数据可得性提出了挑战。

第三，本书的实证分析使用空间计量模型，并对三大城市群的空间效应进行对比，涉及多个空间计量模型，并使用数据包络法（DEA）、标准差椭圆（SDE）等方法测算效率和空间集聚，涉及大量数据的处理。一方面数据收集整理工作量庞大；另一方面，多个模型涉及不同的计算方法和软件使用，如 Stata14. 0、Matlab2012b、Geoda、ARCGIS10. 2、DEAP2. 1 等软件，需要投入更多精力学习不同软件的操作。

第四，对雾霾污染与产业结构、城镇化空间效应的研究在国内外属于较前沿的领域。本书使用空间模型进行实证分析时，在模型的设计上需要仔细推敲，构建一个能较好地契合我国国内现实特征的模型难度较大，模型设计需花费大量精力。

1.4.2 研究的创新与不足之处

1. 创新之处

本书主要创新点有三个：

第一，在理论研究上，构建了一个分析雾霾污染与产业结构、城镇化空间效应的研究框架，加入空间要素后，使得本书能够在一个明确、统一的理论框架内来系统地考察三者之间的空间效应。现有文献多侧重于研究雾霾污染、产业结构、城镇化两两之间的关系，三者放在一起研究的较少见，而从空间角度研究京津冀雾霾污染、产业结构、城镇化三者效应关系更是鲜见。

第二，本书对京津冀地区雾霾污染治理效率进行了量化的测度。现有文献多采取指标评价、平均值等方法来测度环境治理效率，但对雾霾污染治理效率的测度还没有涉及。

第三，本书使用标准差椭圆（SDE）的方法测算出京津冀地区雾霾污染和雾霾污染治理效率的特征椭圆，并用同样的方法测算出京津冀地区各行业和人口的空间集聚程度，探讨对京津冀地区产业空间梯度转移的方向和京津冀城市群进行空间布局优化的具体路径，为京津冀协同发展和雄安新区的建设提供借鉴。

2. 不足之处

第一，本书将雾霾污染、产业结构、城镇化水平置于统一的理论框架，考察三者之间的空间效应，目前仍处于初步研究阶段，对于模型的构建还有很多不完善的地方，需要在今后的研究中进一步深入。

第二，本书以非农业人口占总人口的比重来衡量京津冀地区的城镇化水平，客观上无法体现出京津冀地区城镇化的质量水平。此外，雾霾污染严重程度也会受当地气候、降水、风力等自然因素的影响，但鉴于地级市数据资料缺失和无法获取，因此在本书的研究中未引入自然因素变量，使得研究存在一定局限性，将在今后的工作学习中进一步探索。

第 2 章

理论基础与相关研究综述

2.1 理论基础

2.1.1 基本概念界定

为了便于分析，下面对本书中所涉及的相关概念的内涵和外延进行界定。

（1）雾霾污染

《地面气象观测规范》（2003版）规定，“雾是大量微小水滴浮游空中，常呈乳白色，使水平能见度小于1.0km。轻雾是微小水滴或已湿的吸湿性质粒所构成的灰白色的稀薄雾幕，使水平能见度大于等于1.0km至小于10.0km”。① 《霾的观测和预报等级》（QX/T 113－2010）对霾的定义是，“大量极微细的干尘粒等均匀地浮游在空中，使水平能见度小于10.0km的空气普遍混浊现象。相对湿度小于80%，直接判识为霾；相对湿度为80%—95%时，按照地面气象观测规范规定的描述或大气成分指标进一步判识”。② 《中国气象报》中对于雾霾的权威定义是，“雾是大气中悬浮的由小水滴或冰晶组成的水汽凝结物，水平能见度小于1.0km；霾，也称灰霾（烟霞），是指原因不明的因大量烟、尘等微粒悬浮而形成的浑浊现象”。霾的核心物质是空气中悬浮的灰尘颗粒，气象学上称为气溶胶颗粒，水平能见度小于10.0km，两者混合称为雾霾。雾霾的主要组成成分为二氧化硫、可吸入颗粒、氮氧化物。

对于雾霾的测量，目前一般均采用PM2.5来测量。世卫组织（World Health Organization，WHO）设定的日均浓度值的准则值为25μg/m，而我

① 中国气象局．地面气象观测规范［M］．北京：气象出版社，2003.

② QX/T 113－2010霾的观测与预报等级［S］．北京：气象出版社，2010.

国的 PM2.5 的优良指标准则值（二级标准限值）日均浓度值为 75μg/m，两者准则值差异较大，我国 PM2.5 准则值是 WHO 标准的 3 倍，因此即便我国城市空气质量为优，并不代表不会对人体造成危害，必须高度警惕雾霾污染状况的变化。

为了便于研究，本书使用 PM2.5 浓度值的高低来衡量京津冀地区各省市雾霾污染的程度。

（2）产业结构

威廉·配第（1662）在《政治算术》一书中首次阐述了不同产业间收入变化的规律，认为产业结构的不同导致了不同经济发展阶段及国民收入水平的差异；F. 魁奈（1766）在《经济表分析》中提出“纯产品”学说，把社会阶级结构划分为生产阶级、土地者阶级和不生产阶级；亚当·斯密（1776）在《国富论》中论述了产业部门、产业发展及资本投入应遵循农业、工业、商业的顺序，最早体现出了“产业关联”的思想。马克思在《资本论》[①] 中也对产业结构的思想有所涉及，主要有两大部类产业划分理论、结构均衡理论、生产资料生产优先增长等理论（肖海平，2012）。以上这些研究虽未明确提出产业结构的概念，但为产业结构概念的提出提供了重要的理论来源。

新西兰经济学家费歇尔（A. Fisher，1935）首次创立三次产业划分法，在其著作《安全与进步的冲突》中提出；英国经济学家克拉克（Colin G. Clark，1940）在《经济发展条件》一书中，以费歇尔的研究结论为基础把经济发展过程分为初级阶段、工业化阶段和后工业化三个阶段，阐述了三次产业从农业到制造业再到第三产业的变化规律；美国经济学家库兹涅茨（Kuznets，1941）在《国民收入及其构成》一书中认为国民收入与产业结构有重要联系。至此产业结构的理论正式形成，产业结构的概念也有了清晰明确的界定。20 世纪 50 年代后，里昂惕夫、库兹涅茨、希金斯等经济学家又从不同角度对产业结构进行了延伸，产业结构理论快速发展起来。

---

① 马克思．资本论［M］，第一卷，人民出版社，1963：175。

以上研究对于产业结构概念的界定，主要从狭义角度理解，即认为产业结构是指不同产业之间的关系及变化规律，国内学者杨治（1985）、龚仰军（1999）、苏东水（2000）等也认为，产业结构是“在社会再生产过程中国民经济各产业间的所形成的技术经济联系以及由此表现出来的一些比例关系”。但从广义上来说，产业结构则不仅包括不同产业之间关系，也包括产业的空间分布结构。王宝林、刘海泉（1993）认为，产业结构不仅包括各部门之间的比例关系，还包括各部门在一定地域的分布和空间上的依存关系。对于产业结构部门的划分主要有两大部门分类法（马克思）、三次产业分类法（费歇尔、克拉克、库兹涅茨等）、资源密集度分类法（按要素密集程度划分）及国际标准产业分类法（联合国《国际标准产业分类法》）四种。

综合以上研究，结合研究需要，本书更倾向于广泛意义上的产业结构，即认为产业结构主要是指各产业在经济活动过程中第一、第二、第三产业的构成、各产业之间的比例关系和变动规律，以及产业的空间分布结构。书中涉及的产业部门分类主要采用三次产业分类法、资源密集度分类法及我国根据联合国《国际标准产业分类法》制定的《国民经济行业分类与代码》中的分类。

（3）城镇化

城镇化最早源于西班牙人 A. Serda（1867）的《城镇化基本理论》一书。经济学家对于城镇化的研究最早可以追溯到荷兰经济学家贝克（Baker）1953 年在《二元社会的经济学和经济政策》一书中提出的“东印度”的殖民地“飞地”经济和本地传统经济的“二元结构”。此后，希金思（Higgins）从“技术二元主义”视角、缪尔达尔（Myrdral，1957）从政府干预角度、赫希曼（Hirschman，1958）从产业关联和地理结构视角进行了探索，美国经济学家刘易斯（Lewis，1955）使用二元部门模型（dual－section model），对工业化和现代化的发展模式进行了探讨。此后，拉尼斯和费景汉（Ranis 和 Fei，1964）以及托达罗等人进一步改进了该理论（宁登，1999），形成了“刘易斯—拉尼斯—费景汉”模型。霍华德（Howard，1989）提出“田园城市理论”，麦吉（Mcgee，1991）提出“Desakota”的城乡一体化发展模式，为城镇化的发展提供了实践基础。随后，城镇化的发展逐渐成熟起来，且不同学科均对城镇化进行了不同界定。

人口学认为，城镇化即为城市人口在总人口中比例的提高，城镇化的过程就是乡村人口向城市集中的过程，主要代表人物有美国学者赫茨勒（J. H. Hertzler，1956）、威尔逊（Wilson，1986）、库兹涅茨（Kuznets，1955），以及郭书田（1990）、刘纯彬（1990）、林国先（2002）等。经济学认为城市化是经济增长的产物，不同等级地区的经济结构转换过程，即农业向非农产业的转换且不断向城市集聚的过程，主要代表人物有沃纳·赫希（1990）、叶裕民（2001）、林毅夫（2002）等。社会学则认为城镇化是“生活方式城镇化”，强调人们的行为方式和生活方式由乡村向城市转化，主要代表人物有路易斯·沃斯（Wirth，1951）、孟德拉斯（1967）等。此外，地理学、生态学等学科从地理空间、“山水城市”等视角也对城镇化概念做了界定。

综合以上观点，本书认为城镇化即为一国或地区的人口由农村向城市转移、农村地区不断减少、城市人口不断增长的过程；同时，也是城市文化和城市价值观念不断扩散，城市生活方式和城市价值观逐渐成为主导的过程，从而引起经济结构、社会结构和空间结构的变迁。

对于城镇化水平的测度，现有研究主要从“量”和“质”两个角度进行。“量”的测度一般指人口的比重，国际上通常有三种：城镇化水平 = 城镇非农人口/总人口；城镇化水平 = 城镇人口/总人口；城镇化水平 = 城市年平均现有人口数/全国年平均总人口数①。“质”的测度一般是通过构建评价指标，叶裕民（2001）、靳刘蕊（2003）、王家庭、唐袁（2009）等学者使用因子分析、层次分析等不同方法对城镇化质量进行了评价，其中使用较为广泛的是社科院的城镇化质量指标体系（魏后凯等，2013），该指标体系构建了城市发展质量指数、城镇化效率指数、城乡协调指数三个一级指标，经济、社会、空间发展质量等 7 个二级指标及全市人均 GDP

① 中国国际城市化发展战略研究委员．中国城市化率调查报告［R］．北京：中国国际城市化发展战略研究委员，2008.

(国内生产总值)、城镇恩格尔系数等34个三级指标，并设置了不同的权重，准确计算各城市的城镇化质量水平并进行了排序。鉴于地级市数据的可获得性，本书采取城镇非农人口/总人口的计算方法来衡量京津冀地区的城镇化水平。

（4）空间效应

空间的本质即为“距离”，亚当·斯密认为空间距离的拉长会带来运输成本的增加。目前，基于空间效应的研究主要有新经济地理学和区域经济学基于空间统计和计量方法的运用。

新经济地理学中的空间主要用来分析各要素的区位选择、地理格局及绩效评价。杜能（1826）的“农业区位论”首次将空间因素融入城市周围的农业分区问题，此后，空间研究进入低迷期，直到20世纪90年代，克鲁格曼利用蒂克斯勒——斯蒂格利茨模型（DS模型）将空间因素纳入一般均衡分析框架用来分析规模经济导致的收益递增和不完全竞争(孙久文，2015)，空间问题才再次兴盛起来。新经济地理学中的空间效应更多的是强调距离对成本的影响，强调经济活动的空间布局在区域之间的对比关系和效应的异质性。Baldwin和Venables（1995）使用“区位效应”(Location Effects）分析贸易一体化对企业区位选择的影响；王业强等（2009）对中国制造业区位变迁进行了结构效应和空间效应的分解。

地理学第一定律认为空间邻近的事物关联更密切，因此侧重于空间方法运用的空间效应主要体现在空间依赖性和空间异质性的识别上（张可云，2016)。空间依赖性又称空间相关性，是指空间个体观测值之间稳定的函数关系；空间异质性，是指个体观测值之间结构的不稳定关系导致的观测值非同质现象，如发达地区和落后地区、中心（核心）和外围（边缘）地区等经济地理结构的非均质性。因此，空间效应（Spatial Effects）是指空间相关性与空间异质性（Anselin，1988)，当存在空间相关性或异质性时，空间个体观测值之间存在空间交互作用及其之间的不稳定关系，且观测值的变化会对邻近地区的观测值结果产生或正或负的影响。

本书主要研究雾霾污染与产业结构、城镇化水平之间的空间效应，鉴于雾霾的空间性，书中更侧重考察其对邻近区域产生的影响，因此，本书的空间效应更倾向于区域经济学中对空间统计和计量方法的运用。同时为了更好论述空间效应，本书在对实证结果进行阐述时借鉴了 LeSage 和 Pace（2009）提出的直接、间接效用理论。

2.1.2 基本理论

（1）EKC 理论

美国经济学家库兹涅茨（Simon Smith Kuznets，1955）认为收入分配状况随经济发展而成“倒 U 形”曲线（Inverted U curve），被称为“库茨涅茨曲线”。Panayotou（1993）借用库兹涅茨曲线认为环境质量与人均收入之间也存在着“倒 U 形”关系，即一国或地区处于经济发展落后阶段时，环境污染程度不高，但随着经济的不断增长，人均收入的提高，环境开始逐渐恶化，两者呈负相关关系；当人均收入提高到一定程度（即到达某个拐点时），人均收入与环境污染不再呈负相关而是正相关关系，即随着人均收入的不断提高，环境污染程度开始下降，质量不断改善，被称为环境库兹涅茨曲线（EKC）。EKC 理论的出现为学者研究环境和经济相关问题打开了一种新的思路。随后众多学者的研究发现也证实了环境库兹涅茨曲线（EKC）的存在。Copeland 和 Taylor（2003）指出目前研究中主要存在四种 EKC 理论，即“增长源泉说”“收入效应说”（López，1994）、“门槛效应说”（Jones 和 Manuelli，1995；John 和 Pecchenino，1994；Stokey，1998）以及“规模报酬递增型减排技术说”（Andreoni 和 Levinson，2001），从环境规制视角探讨其与环境之间的关系。还有一些学者分别从产业转移（Cole，2004）、技术进步（Khanna，2002）、国际贸易（Dinda，2004）等视角对其与环境的关系进行了探讨。除此之外，Hilton 和 Levinson（1998），Gale 和 Mendez（1997）等学者从实证角度对 EKC 理论进行了解释。

（2）污染避难所假说

在对环境库兹涅茨曲线（EKC）研究不断深入的基础上，越来越多的学者开始将FDI纳入EKC模型中来，逐渐形成了“污染避难所假说”(Pollution Haven Hypothesis，PHH)。“污染避难所假说”最早由Walter和Ugelow（1979）提出，Baumol和Oates（1988）等学者不断进行补充和完善。该假说认为不同国家由于环境标准的不同导致生产成本的不同，在自由贸易下，环境标准或环境规制强度高的国家（一般为发达国家）的污染密集型企业为了追求利润最大化目标，往往倾向于将企业迁至环境标准或环境规制强度低的国家（一般为不发达国家），以降低生产成本，而不发达国家出于发展经济的需要，自愿降低环境标准或环境规制强度，这样不发达国家逐渐成为发达国家污染企业的聚集地，从而成为“污染避难所”。此后，众多学者从理论与实证角度对该假说进行了论证和补充，Copeland和Taylor（1994，2003）在此基础上提出“产业漂移假说”，认为环境规制对污染企业的再分配影响显著，环境管制严厉的发达国家会把产业转移到环境标准低的发展中国家，从而把污染转移到这些国家进行投资和生产，认为FDI（外商直接投资）会恶化发展中国家环境，这一假说对“污染避难所假说”进行了理论补充；Mani和Wheeler（1998）、Levinson和Taylor(2008)、Wheeler（2010）等则分别对拉丁美洲、亚洲、美洲等不同类型国家进行实证研究，进一步论证了“污染避难所假说”的存在；还有部分学者对“污染避难所假说”持否定态度，Leonard（1988）、Repetto(1995)、Gentry等（1996）等学者认为环境规制强度的高低并不是影响发达国家进行FDI的主要因素，两者不存在相关关系。

（3）区位理论

区位理论主要包括了农业区位论、工业区位论、城市区位论等。德国经济学家约翰·冯·杜能（1826）在《孤立国同农业和国民经济之关系》一书中最早提出了农业区位论，对农业经营、农业布局、土地利用等提出了自己独到的见解。杜能认为农业经营方式与到市场的运输费用密切相关，农业经营收益与运输距离成正比。同时，针对农业布局提出了农业圈层理论，首先假设在各种限定条件下存在着一个“孤立国”，以城市为中心，周围分为自由式、林业、轮作式、谷草式、三圃式、畜牧业六个农业圈层，率先提出了产业布局的相关思想。德国经济学家韦伯（Weber，

1909）在此基础上提出工业区位论，在《工业区位理论》一书中建立了完整的理论体系，认为区位因子是生产场所的决定性因素，并划分了不同类型的区位影响因子，最后通过严密的研究方法反复推导确定出运输费用、劳动力费用、集聚力三个主导因子，以此来得出工业产品在生产时需付出的最小生产成本和得到的最大经济效益，探寻工业区位移动的规律。在此基础上，德国经济地理学家克里斯塔勒（W. Christaller，1933）提出了城市区位论，也称为中心地理论。克里斯塔勒在《德国南部的中心地》一书中认为城市在空间、规模和职能上密切相关，且具有一定的空间分布规律。根据不同类型城市提供的产品和服务，克里斯塔勒将中心地分为高级和低级，认为城市的发展应以城市为中心，不同级别市场区要协同发展，并提出了中心地空间分布模式——六角形网络。克里斯塔勒的城市区位论将研究对象从农业和工业拓展到城市，为以后的城市区位研究奠定了理论基础。

（4）新经济地理学中的区际产业转移理论

古典区位理论、日本经济学家赤松要（1935）的雁形理论、弗农（1966）的产品生命周期理论、日本小岛清（1978）的边际扩张理论等都涉及区际产业转移的相关内容；劳尔·普雷维什（1949）提出了“中心—外围理论”，认为经济“中心”——发达国家和经济“外围”——发展中国家之间存在着巨大差异，导致中心国家和外围国家在国际分工上的不平等，从而引发国际产业转移（戴宏伟，2006）。

新经济地理学则从不完全竞争、规模经济与运输成本等视角对区际产业转移进行了解释。迪克斯特和斯蒂格利茨（1977）在“垄断竞争与最优产品多样性”一文中构建了D—S模型，从规模报酬递增、运输成本、集聚经济等方面探讨了区域经济增长和企业的区位选择。在D—S模型基础上，克鲁格曼（Krugman，1991）提出了“中心—外围”模型（CP模型），该模型假设存在南北两个区域、农业和制造业两个部门以及农业劳动力和制造业劳动力两种生产要素，区域间运输成本的下降，使得人口不断向中心区迁移，人口的流动使得工业向中心区集聚的向心力不断加强，工业的集聚又形成了规模报酬递增，最终形成工业核心区和农业边缘区即“核心—边缘”（中心—外围）的空间结构。此后，众多学者在此基础上进行了深入研究，具体包括三种类型：区域要素迁移模型、产业垂直关联模型和要素累积驱动模型。这三种类型分别从要素迁移、工资差异、资本等角度阐述了产业空间布局的变化及核心和外围地区集中和扩散的过程。

2.2　研究综述

2.2.1　雾霾污染与产业结构的相关研究

（1）国外相关研究

Kuznets（1955）研究了个人收入分配在长期上变化的特征和成因，提出人均收入与经济增长之间存在着“倒U形”关系，也被称为“库茨涅茨曲线”；Meadows 等（1972）研究世界人口、工业发展、污染、粮食生产和资源消耗五种因素之间的变动与联系后认为工业发展与污染、资源消耗之间存在着相互反馈环路结构；Grossman 和 Krueger（1991）研究了42个国家城市后发现国民收入较低时污染物浓度与经济增长之间正相关，国民收入较高时则为负相关，在收入达到一个关键水平时经济发展与环境质量之间存在“倒U形”曲线关系；通过对北美自由贸易区协议（NAFTA）国家环境影响的分析认为，经济增长主要通过规模效应、技术进步和结构效应改善环境质量；Panayotou（1993）借用库兹涅茨曲线认为环境质量与人均收入之间也存在着“倒U形”关系，被称为环境库兹涅茨曲线（EKC）；Stern D.（1998）、Dinda S.（2004）对环境库茨涅茨曲线进行了进一步的论证。以上这些文献主要是从环境污染和经济发展、经济增长的角度论述环境和经济之间的“倒U形”关系。但也有学者认为环境污染与经济发展之间不一定存在“倒U形”关系：Seldenet 和 Song（1995）使用新古典环境增长模型来研究污染、减污能力和经济发展之间的关系，认为消费支出和环境支出之间存在着“J曲线”效应。

随着研究的深入，越来越多学者开始探索环境污染与产业结构之间的关系。Brajer等（2011）研究了中国环境污染后认为产业结构与环境污染不一定呈现出“倒U形”关系；De Bruyn（1998）研究EKC后认为环境污染的下降并不一定是由于经济增长，并使用分析分解法认为产业结构对环境污染并不显著，环境政策导致的环境技术才是主要的推动力。Chang等（2008）使用投入—产出结构分解法对中国台湾1989—2004年间分三个时期的二氧化碳排放量进行研究后发现，工业能源系数、出口水平、国内最终需求是造成二氧化碳排放量增加的主要因素，产业结构作用并不大。

（2）国内相关研究

张少华（2009）基于行业面板数据分析认为我国产业结构不合理，目前第三产业还不存在降低环境污染的效应。胡飞（2011）基于1999—2009年的省际面板数据研究后认为，产业结构升级不能缓解我国东部和中部地区的环境污染。李姝（2011）基于2004—2008年的省级面板数据，采用GMM方法分析城市化和产业结构调整两大战略对环境污染的影响后认为产业结构调整、城市化与环境污染之间显著相关。张悦、赵晓丹（2014）使用面板数据认为我国经济增长与环境污染之间呈现出“倒N形”关系。李鹏（2015）基于2004—2012年的省际面板数据进行实证研究后认为污染排放总量与产业结构调整之间存在“倒U形”曲线关系，说明我国的产业结构恶化了我国的环境污染，但随着经济的增长产业结构调整对环境污染的抑制作用更加明显。胡宗义、刘亦文（2015）通过研究我国能源消耗量、污染排放量及经济增长的动态关系认为我国能源利用效率低下，污染排放严重。杨仁发（2015）使用省市面板数据，采用门槛面板回归模型实证分析后认为产业集聚对环境污染具有显著的门槛特征，且外商直接投资有利于改善我国的环境污染。方齐云、曹金梅（2016）通过建模分析认为城市化和人均碳排放之间存在“倒U形”关系，产业结构对人均碳排放具有异质性，并对各省人均碳排放的拐点时间进行了测算。刘晓红、江可申

（2016）采取省际面板数据对我国东中西部分区域的城镇化、产业结构与PM2.5之间的动态关系进行了实证分析。

以上文献从环境污染角度对经济增长进行了研究，随着雾霾对人们的生活影响越来越大，越来越多的学者开始关注雾霾污染与经济、产业结构、能源结构等之间的关系。郭俊华、刘奕玮（2014）分析了雾霾与产业结构、能源结构的关系，并提出如何从根本上缓解或消除雾霾天气污染；马丽梅、张晓（2014）研究认为，雾霾污染与产业结构、能源结构密切相关，人均GDP的增长导致雾霾污染的加剧；冷艳丽、杜思正（2015）认为，产业结构越不合理、城市化水平越高，两者对雾霾污染的影响越大；何枫等（2015）应用TOBIT模型进行雾霾与工业化发展之间的实证分析，研究认为中国雾霾与工业化发展度之间存在着较强的正相关关系；何小钢（2015）从中美能源结构对比、产业结构等方面的数据分析了我国雾霾天气形成的原因，认为产业过度重型化、城镇人口密集度过高、能源结构等是形成雾霾的主要原因，提出要从结构转型的角度推动环境治理，消除雾霾。

2.2.2 雾霾污染与城镇化的相关研究

（1）国外相关研究

18世纪60年代开始，工业化的发展推动了城市化的发展，大量农村剩余劳动人口由农村迁移到城市，城市规模不断扩大，城市污染日益恶化，城镇化与环境之间的关系成为众多学者关注的焦点。Ehrhardt - Martinez（2002）通过分析欠发达国家的森林毁坏速率和经济发展之间的关系后发现，两者之间存在“倒U形”关系，且城镇化水平的集聚效应、农村人口向城市的迁移及以服务为主的城市经济增长等因素是导致这种“倒U形”关系的主要驱动因素。R. York（2003）在运用IPAT、ImPACT和STIRPAT模型评估城镇化和环境污染的关系后发现，人口是造成环境污染的主要因素，工业化和城镇化对环境影响显著。Heinen J. T.（1993）研究认为人口集聚效应和工业快速发展带来的城镇化会加剧环境污染。

还有一些学者基于能源、交通视角研究城镇化与环境之间关系：Cole和Neumayer（2004）使用STIRPAT模型对碳排放与城镇化、能源强度的关系进行了研究，认为城镇化率的提升会导致碳排放增多，环境污染加重，随着城镇化率的提高，排放的增加会加重CO_2的排放与人口成比例增长，SO_2的排放与人口增长呈“倒U形”关系；Liddle（2004）通过研究OECD（经合组织）数据后发现，高度城镇化与私人交通呈负相关关系，从而降低了能源消费；R. York（2007）使用1960—2000年14个欧盟成员国数据研究后发现，城镇化与能源消费负相关，人口增速的下降有利于减少能源消费；Poumanyvong和Kaneko（2010）、Sadorsky（2014）使用STIRPAT模型发现城镇化与碳排放之间显著正相关；Martínez－Zarzoso和Maruotti（2011）认为城镇化与碳排放之间存在“倒U形”关系。

以上文献与“环境库茨涅茨曲线”结论一致，均认为城镇化与污染之间呈现出“倒U形”关系，但有些学者经过研究后发现城镇化与污染之间不一定是“倒U形”曲线关系。Parikh J. 和Shukla V.（1995）采用截面国际数据的固定模型研究发现城镇化率会使得能源消费增加；Xepapadeas A.（1997）研究发现经济存在“环境陷阱”，城镇化与污染减排之间存在线性关系，且污染减排存在一个门槛特征，低于门槛值经济将陷入低增长区，高于门槛值又会产生大量污染处理成本；Andreoni和Levinson（2001）从规模报酬递增视角使用微观静态模型验证了“环境库茨涅茨曲线”后认为，城市化和环境污染之间是线性关系；Managi（2006）对“环境库茨涅茨曲线”重新估计后发现，“倒U形”曲线性质并不明显。

（2）国内相关研究

杜江、刘渝（2008）对环境库兹涅茨曲线（EKC）假说进行了扩展，选取1998—2005年中国30个省（市、自治区）的面板数据，通过对六类环境污染指标的研究发现，城镇化与烟尘、粉尘排放之间存在“正U形”关系，与废水、废气、二氧化硫和固体废弃物等之间存在“倒U形”关系；王家庭、曹清峰（2010）基于28个省市面板数据认为城市化与环境污染之间存在“反U形”关系；王会、王奇（2011）基于投入产出法利用1997—2007年数据分析了城镇化对污染排放的影响；黄棣芳（2011）基于

1999—2008 年的面板数据分析了工业化和城镇化对我国环境质量的影响，通过实证研究得出结论：工业废水、工业 SO_2 和工业粉尘的城市化水平曲线分别为“倒 N 形”“N 形”和“U 形”；蒋洪强等（2012）选取 1996—2009 年数据建立模型并实际测算城镇化每增长一个百分点引起的污染物产排放变化量，研究发现城镇化每增长一个百分点带来的城镇生活污水排放量、COD 产生量、NH3 - N 产生量、NO_X 排放量、CO_2 排放量、城镇生活垃圾产生量仍呈上升趋势；杜雯翠等（2014）通过对 1990—2009 年新兴经济体国家面板数据，将城镇化划分为城市群和小城镇两种模式，研究发现两者均能降低环境污染，但城市群对环境质量的改善更加明显；刘伯龙、袁晓玲等（2015）构建了 2001—2010 年中国省级动态面板数据，利用改进的 STIRPAT 模型，研究城镇化推进对雾霾污染的影响，后得出结论认为城镇化的推进在不同排放区对雾霾污染贡献率不同，在高中低排放区城镇化水平每提高 1%，雾霾污染分别加重 0.121%、0.054% 和 1.992%；黄亚林等（2015）采用武汉市 2000—2013 年的城市化水平和空气质量状况数据，运用多元回归模型探讨了城镇化水平与空气环境质量响应间的关系，认为二氧化硫、二氧化氮和 PM10 等污染物不同，对城镇化水平响应不同，分别呈“倒 U 形”“正 U 形”和“倒 N 形”关系；段博川、孙祥栋（2016）以 2001—2013 年 30 个省份的数据为样本建立门槛面板模型计量检验了城镇化进程与环境污染的关系，研究发现人口与土地城镇化都显著促进了环境的污染，加快了二氧化碳与二氧化硫的排放。

以上文献都采用二氧化硫、二氧化氮等代表环境污染和雾霾污染程度，研究城镇化和环境污染或雾霾污染的不同曲线关系。还有一些学者从人口或人口集聚的角度对城镇化和环境污染的关系进行了探讨：童玉芬、王莹莹（2014）对城市人口与雾霾污染的作用机制分析基础上研究认为两者具有双向关系；王兴杰、谢高地（2015）采用数据包络法，计算经济增长和人口集聚对空气质量影响的整体效率，认为三大城市群中京津冀的环境影响最大，人口密度的提高是空气质量明显下降的根本原因；肖周燕（2015）利用 2000—2010 年中国 30 个地区的省际面板数据，使用门槛回归法，分析了人口空间聚集对生产和生活污染的不同影响，研究认为要把握适度规则，偏大和偏小的人口空间聚集水平对生产和生活污染均产生不利影响，且人口空间聚集对生产和生活污染的影响均是非线性的。

从国内外研究来看，雾霾污染与城镇化的研究主要还是集中在环境污染与城镇化上，研究结果表明环境污染与城镇化呈“倒U形”结构，“U形”或“倒N形”特征，在此基础上引入人口等变量。

2.2.3 雾霾污染与产业结构、城镇化的相关研究

通过查找国内外相关文献发现，国外研究雾霾污染与产业结构、城镇化之间关系的文献较少，国内的相关研究主要有：李姝（2011）基于2004—2008年的省级面板数据，采用GMM方法分析后认为产业结构调整、城镇化与环境污染之间显著相关，城镇化与废气污染和污水污染之间都呈现正相关，产业结构调整与废气污染之间呈现负相关，与污水污染之间呈现正相关；王瑞鹏、王朋岗（2013）对1992—2011年新疆城市化、产业结构与环境污染的原始数据进行处理与检验的基础上建立VAR模型，通过脉冲响应函数、方差分解及Johnson协整检验的研究，表明产业结构和城市化对环境污染的影响有一定的滞后性，但从长期看三者存在长期均衡关系；杨冬梅、万道侠等（2014）基于山东省1990—2010年数据构建了山东省环境污染综合指数，通过建立VAR模型对产业结构、城市化水平与环境污染的动态关系进行实证分析后表明，山东省的环境污染总体上呈不断下降趋势；城市化与产业结构对环境污染的贡献有一定的滞后性；且长短期内产业结构和城市化水平对环境污染程度不同；冷艳丽、杜思正（2015）基于2001—2010年中国省际面板数据研究产业结构、城市化与雾霾污染，研究表明产业结构越不合理、城市化水平越高，两者对雾霾污染的影响越大；方齐云、曹金梅（2016）通过建模分析认为城市化和人均碳排放之间存在“倒U形”关系，产业结构对人均碳排放具有异质性，并对各省人均碳排放的拐点时间进行了测算。

从以上文献来看，学者选取不同经典计量模型对环境污染、产业结

构、城镇化三者之间的关系进行了研究，还有一些学者对个别省份进行了研究，但研究雾霾污染、产业结构、城镇化三者关系的文献较少。

2.2.4 京津冀雾霾污染与产业结构、城镇化的相关研究

郑重（2009）在资源环境及生态容量约束的条件下，京津冀区域的核心城市需积极发展生产性服务业，要通过产业转移实现区域开发功能分区；王家庭等（2014）从政府、市场、社会三个角度分析了京津冀生态治理的现实困境，提出京津冀必须走生态协同治理的道路；卢华等（2015）通过分析我国2003—2011年间雾霾污染的空间特征，认为雾霾污染在不同地区间存在显著的空间依赖，尤其是省会城市，并认为“经济—环境”呈现出“倒N形”曲线关系；杜颖等（2015）使用五个环境指标验证了河北省环境库兹涅茨曲线，通过运用脉冲响应分析和方差分解方法实证分析了河北省经济增长与环境污染之间的动态关系。

京津冀地区作为中国雾霾污染的重灾区，也逐渐引起了学者们的注意：潘慧峰等（2015）对京津冀地区7个城市的PM2.5的日数据分别使用GARCH模型和AR模型进行实证估计，并进一步建立马尔科夫区制转换模型进行对比，研究发现京津冀地区雾霾污染存在溢出效应，且具有较强的波动性，并提出相关的政策建议；冯博、王雪青（2015）使用面板Tobit模型进行了实证研究，选取生产总值和二氧化碳、生产总值和污染物综合指标作为产出要素分别代表未考虑雾霾效应和考虑雾霾效应两种情况，通过测算京津冀地区全要素能源效率，得出结论：考虑雾霾效应下的京津冀地区能源效率较低。

以上文献从产业结构和城镇化水平角度，多采用经典计量方法选取全国数据或者省际数据进行实证研究，探求环境污染与产业结构及城镇化水平之间或存在“倒U形”或正向或抑制的关系，从空间角度分析污染、产业结构、城镇化水平的较少。

2.2.5 空间效应及产业空间的相关研究

(1) 国外相关研究

古希腊哲学家亚里士多德最早提出空间概念，认为空间是一切场所的综合；韦伯（1900）提出城市空间概念，认为这个概念主要包括三种要素，即物质要素、活动要素和互动要素。Anselin（2001）在环境和资源经济学中使用空间计量经济学研究后发现，空间因素对环境经济问题具有十分重要的作用。Rupasingha 等（2004）通过空间相关性和空间溢出性考察了美国县人均收入与有毒污染物之间的关系，与 EKC 结论一致，且随着收入的持续增加，污染物最终会再次增加。Poon 等（2006）使用空间计量经济学将中国经济发展与交通、能源、当地空气污染排放物纳入环境库茨涅茨模型中进行研究，证实了“倒 U 形”关系及区域空间溢出效应的存在。Maddison（2007）对欧洲国家的排放硫进行分析后发现，随着时间推移会改变环境库茨涅茨曲线形状，且在空间滞后模型中国与国之间的污染存在显著空间溢出效应。Hossein 和 Kaneko（2013）使用面板数据模型估计了国家制度质量对二氧化碳排放强度的影响，证实了国家的环境质量存在空间溢出效应。

Raul Prebisch（1949）在《拉丁美洲的经济发展及其主要问题》的报告中指出，产业梯度转移的根源在于国内工业化替代进口品，即发展中国家采取了进口替代战略；Raymond Vernon（1966）提出产品生命周期理论，认为随着技术成熟一国产业会从发达国家向发展中国家进行空间转移；J. Friedmann（1966）将区域空间结构分为前工业阶段、过渡阶段、工业化阶段和后工业化阶段四个阶段，越到高级阶段区域空间结构体系越趋向复杂化和有序化，最终走向空间一体化；以 Krugman（1991）等为代表的新经济地理学，对经济活动在地理空间上的大量集聚现象进行了拓展和解释，并且构建了“中心—外围”模型，假设存在两个部门两个地区，垄断竞争厂商倾向于在市场容量大的地区组织生产，即“市场接近效应”，而劳动力出于生活成本的考虑也会倾向选择在工业集聚的地区居住，即“生活成本效应”，这两种效应促进了产业在空间上向“中心”集聚，同时市场还存在“挤出效应”，使得产业在空间布局上向“外围”扩散，三者共同作用将使产业布局在地理空间上呈现出“中心—外围”的特点。

以上文献从空间溢出角度研究了环境污染与经济、能源、交通等之间的关系，还有一些学者采取空间统计的方法研究产业集聚。Lefever（1926）提出使用标准距离和标准差椭圆来揭示地理要素的空间分布特征；Kulldorff（2006）认为，空间聚集分析旨在确定现实世界的空间分布是否与某种基准分布具有显著的差异。

（2）国内相关研究

吕健（2011）采用探索性空间数据技术，对中国内地31个省域城镇化对经济增长的空间相关性进行了分析，研究发现各个省域城镇化和经济增长均存在显著的全局空间自相关和局部空间自相关，并构建空间误差模型分析城镇化率对经济增长的空间效应，认为城镇化对经济发展具有明显的带动作用，因此需要确定一个合理水平。齐昕（2013）基于城市化经济运行理论，创新性地将城市化划分为“城”“市”“城市化”三个层次，深入分析其经济增长效应和空间溢出效应，并借助于空间面板数据模型，研究认为城市化空间溢出效应多为“被动传导型”，且“城”层次的空间溢出效应大于其他两个层次的空间溢出效应。马丽梅、张晓（2014）运用空间计量方法，以中国31个省份为样本，从能源结构和空间效应视角研究雾霾污染，研究发现雾霾污染与产业结构、能源结构密切相关，人均GDP的增长导致雾霾污染的加剧。胡宗义、刘亦文（2015）通过研究我国能源消耗量、污染排放量及经济增长的动态关系认为我国能源利用效率低下，污染排放严重。于伟、张鹏（2016）基于随机前沿分析测度2002—2012年间省域单元绿色经济效率，分析空间互动状态下城市化进程对绿色经济效率增长的影响，结果表明产业结构升级对绿色经济效率增长具有显著的直接效应和间接效应，在地理距离和地理—经济两种空间权重下，人口城市化水平对绿色经济效率增长的各种效应显著性相反，城镇固定资产投资对绿色经济效率增长只具有显著间接效应。邵帅等（2016）基于1998—2012年中国省域PM2.5浓度数据，采用动态空间面板模型和系统广义矩估计方法，在同时考虑雾霾污染的时间滞后效应、空间滞后效应和时空滞后效应的条件下，对影响雾霾污染的关键因素进行了经验识别和相应的治霾政策讨论。

戴宏伟（2003）认为，不同要素禀赋决定了产业梯度的形成，产业梯度的差异推动了要素资源在空间上的流动及分布，从而推动了产业地区间梯度的空间转移。张弢、李松志（2008）认为产业存在空间运动，且受到诸多因素影响，从经济地理学和运动力学视角来看，不同要素形成不同方向的作用力，只有在推拉力（包括推力和拉力）大于障碍力（阻力、斥力）时，才会出现产业空间上的转移。吕晨等（2009）利用ESDA技术，基于GIS平台对2005年中国人口空间格局进行研究，发现全国县域人口密度数值差距较大，产业结构和交通对全国人口格局影响显著，自然因素和经济因素对人口空间格局会产生不同影响。郭丽（2009）认为产业空间转移受产业区域转移黏性的制约，并探讨了其制约原因。顾朝林、庞海峰（2009）对新中国成立以来中国大陆城市体系空间格局的演变过程进行了系统研究，认为中国城市空间分布密度在省区间存在明显的空间差异，且具有"东密西疏/南密北疏"的空间分布特征。李占国、孙久文（2011）从空间经济学的视角，分析了我国产业空间转移滞缓的原因，并从产业转移的动因等方面提出加速产业区域空间转移的途径。程李梅、庄晋财等（2013）认为产业链的空间转移是呈现出从区域内到区域外，从"点"到"线"再到"网"的动态演化特征。谢呈阳、周海波等（2014）认为产业转移与要素资源迁移速度不匹配，导致了资源在空间上的错配。刘涛、齐元静等（2015）基于2000年和2010年全国人口普查分县数据，综合分析了中国流动人口的总体聚散特征、空间格局演变特征和人口流动的空间模式，通过构建计量模型实证分析流动人口空间分布的形成机制及城镇化效应，研究发现人口的流动有助于城市群空间结构优化及空间均衡化，流动人口分布的空间格局具有较强的稳定性，且在城市群内部的空间分布模式差异显著。孙铁山、刘霄泉等（2015）选取1952—2010年省级面板数据研究分析了产业空间格局的变迁，认为20世纪90年代后产业空间格局向第二、第三产业集聚，且向沿海化非均衡发展转变。李国平、张杰斐

(2015) 使用 2001 年、2009 年县域数据研究分析了京津冀制造业的空间格局的分布特征，发现该区域制造业总体由中心区域的京津走廊，即区域的增长极向东部沿海及冀中南腹地扩散。杨强、李丽等 (2016) 选取 1935—2010 年 6 期人口普查县级统计数据研究分析了中国的人口空间格局，认为人口空间格局的演变特征差异相对明显，但总体空间格局并未发生明显的改变。

从以上文献可以看出，随着空间计量经济学的发展，越来越多的学者开始选用空间的方法研究雾霾污染与产业结构、雾霾污染与城镇化之间的关系。吕健 (2011) 认为普通 OLS 回归加入空间因素后结果更加稳健和合理。且大多学者对从空间分布、空间转移、空间格局的角度对产业和人口的空间状况进行了研究，但少有将产业和人口空间布局与环境污染结合在一起进行研究。

2.2.6　文献评述

由以上文献综述可见，国内外学者对现有问题已经进行了大量研究，大多数学者都肯定了“环境库茨涅茨曲线”的正确性，认为环境污染与经济增长、环境污染与产业结构、环境污染与城镇化水平之间呈现出“倒 U 形”曲线形状，部分学者论述了环境污染与经济增长或产业结构之间的“J 曲线”“N 曲线”“U 曲线”等形状，为当今最新的研究提供了强有力的帮助。但是，通过对文献的梳理，我们发现已有的研究存在以下不足：

第一，对环境污染与产业结构和城镇化水平的研究主要集中在环境污染与产业结构、环境污染与城镇化水平的两两关系的研究上，将三者放在一起进行研究较少见，而研究雾霾污染与产业结构、城镇化三者关系的文献更加鲜见。

第二，对环境污染与产业结构和城镇化水平的研究目前主要采用经典计量方法进行研究。随着空间计量经济学的流行，越来越多的学者从空间角度论述两两之间的关系，但鲜有采取空间的方法将三者放在一起进行研究，采取空间方法对中国雾霾污染重灾区京津冀地区的研究更是少之又少。

2.3 雾霾污染与产业结构、城镇化水平的作用机理

伴随着中国工业化和城镇化的不断推进，工业和人口不断集聚，导致了一系列大气污染、人口膨胀、交通拥堵等“大城市病”，城市环境承载力不断下降，那么产业结构和城镇化水平如何影响雾霾污染？雾霾污染与产业结构、城镇化水平之间存在着什么样的作用机理？需进一步进行分析。

（1）雾霾污染与产业结构的作用机理

目前，我国正处于经济发展转型的关键时期，第二产业尤其工业是拉动我国经济增长的重要动力，而不同产业内比例、资源利用率高低均会导致不同消耗的产生，工业在发展过程中对资源和能源依赖性较高，物耗能耗偏高，污染物排放量大，特别是工业“三废”的排放导致雾霾污染加剧，严重制约着我国经济的转型和进一步发展。同时，产业间不同的比例也会影响到空气质量，第二产业比重的不断下降，第三产业比重的不断增加，将会缓解雾霾污染。此外，产业的空间布局也会影响到空气质量。我国钢铁、火电、石油加工等重化工企业呈规模化地密集分布在中东部地区，污染排放量超过当地环境承载力，这也是中东部地区污染高于其他地区的主要原因。

因此，产业结构的调整和产业的空间布局对雾霾污染有着直接的影响。与此同时，严重的雾霾污染也会倒逼产业结构和空间布局的调整。当雾霾污染加剧时，环境规制等力量会促使企业增加研发和技术投入，提高其生产的绿色水平和资源利用率，促进产业结构的转型升级，从而有利于雾霾污染的改善；雾霾污染倒逼产业布局在空间上的改变，主要体现在产业集聚水平和产业环境准入门槛的提高：产业集聚水平的提高不仅能带来企业生产的规模效益，还能共享技术水平及环境治理基础设施，降低雾霾污染治理的成本，产业环境准入门槛的提高有利于阻止高环境成本企业，

尤其是重污染企业的进入，从而促进产业转移和布局的优化。

（2）雾霾污染与城镇化的作用机理

随着我国城镇化进程的快速推进，城市范围不断扩大，主要表现为人口的集聚和规模的扩大、生产生活方式的改变以及城市空间的扩张等。城市人口的集聚和规模的扩大导致人口从乡村流入城市，人们的生产、生活方式发生了很大变化，城市的住房、家用电器以及机动车的需求和消耗增大，从而使得颗粒污染物、氮氧化物等污染排放物增多，同时，生活垃圾、冬季供暖能源的燃烧等排放到大气中的硫氧化物、碳氧化物等污染物也随之增多（童玉芬等，2014），从而加重了雾霾污染。此外，城市在空间上的扩张会导致建设用地增加、绿地减少、建筑污染增多，特别是盲目无序的城市空间扩张会导致生产生活、交通等污染物排放增多，使有限的城市空间承载过多，从而加重雾霾污染，对雾霾污染产生负向效应。

伴随着城镇化质量水平不断提高，城市发展与城镇化之间的矛盾会不断缓和，进而对雾霾污染产生正向效应。城镇化的发展可以提升城市的集聚效应和规模效应，从而提高资源利用率，优化资源配置，降低资源消耗，同时高质量的城镇化也可以带来更多的大气污染治理资本，可对城市大气污染进行集中治理，共享环保基础设施，降低环境治理成本，有利于城市雾霾污染的缓解，从而实现城乡的协调发展。

因此，城镇化水平对雾霾污染具有正负两方面的影响。适度的人口和城市规模，合理的城市空间布局，高质量的城镇化水平均有利于缓解雾霾污染。

（3）产业结构与城镇化的作用机理

产业与城镇是相伴而生、共同发展的，产业结构是城镇化水平提升的核心动力，产业结构的不断调整和优化有利于城镇化水平的提高，同时，城镇化为产业结构的不断调整和升级提供了市场空间和需求支撑，带动产业结构的调整和优化。

产业结构对城镇化的作用主要体现在要素流动效应、产业关联效应和产业转移效应上。首先，产业结构的不断调整和优化促进了产业数量比例的变化，从而使得要素在不同生产部门的供求发生变化，特别是技术的发展，促进了要素由生产率低的部门向生产率高的部门流动，并使得要素加速流向技术含量高、生产技术水平高的部门，进而加快城镇化水平的提高；需求结构的变动导致供给结构发生改变，带来了不同要素流入比例和在不同产业上的重新配置，特别是在资本回报率较高的第二、第三产业上，由于产业具有空间集中布局的特点，要素的流动和重新配置会进一步促进各产业在空间上的集聚，且随着产业的集聚进一步带来了人口向城市的集聚，从而促进城市的发展和扩张。其次，产业结构的调整和优化还伴随着关联产业的调整。劳动密集型产业能够吸引大量劳动力向城市聚集，资本和技术密集型产业需要第三产业提供配套措施和相关服务，知识、技术等第三产业的发展又会促进第二产业特别是工业向更高层次发展，使得城市的基础设施和公务服务等功能更加完善，从而有利于推动城镇化的发展。最后，产业结构可通过产业转移来推动城镇化的发展。当产业结构调整到一定阶段后，伴随着人口和产业在城市的集聚，造成城市的过度膨胀、城市承载力不足，城市规模效益递减，这就需要把一些产业由城市中心向城市外围迁移，从而促进城市规模的进一步扩大和空间上的扩张。

城镇化的不断发展在某种程度上又可促进产业结构的调整、优化和升级。城市数量的增加和规模的不断扩大，导致人口和产业的不断集聚，产业规模收益递增，并形成比较优势，且人口和产业的集聚促进了城市功能的完善，并进一步提高了人们生活方式的文明程度，对城市功能、公共服务等第三产业的发展提出了更高要求，从而促进产业结构的进一步调整和更高级的优化。

（4）雾霾污染与产业结构、城镇化的作用机理

由上文分析可知，雾霾污染与产业结构、城镇化之间均存在内在联系。在城镇化发展初级阶段，为了迅速提高城镇化水平，城市会大幅提高第二产业比重，特别是制造业比重的上升及其在空间上的集聚，而城镇化的粗放式发展，在一定程度上同样会造成雾霾污染的加重；随着技术的进步，产业结构的要素流动效应、关联效应及产业转移效应促进了城镇化质量水平的不断提高，资源利用效率提高，城市的生态更加文明，产业结构更加合理高级，产业结构和城镇化的良性互动有助于雾霾污染的缓解。雾

霾污染、产业结构、城镇化水平三者之间的作用机理如图2-1所示。产业结构主要体现在产业比例和产业布局上，产业间比例不协调，布局不合理，会产生诸多问题，如重工业比重高且比较集聚的地区，雾霾污染相对就严重；城镇化带来了人口集聚、城市规模的扩大和空间的扩张，其过程伴随着污染物排放增多、绿地减少等现象，使得雾霾污染加重；同时，产业结构通过要素在不同部门间的流动、关联产业的发展、产业的转移促进了城市的发展和扩张，进一步推动了城镇化的进程，而城镇化又会进一步促进要素流动、关联产业发展及产业转移，从而使产业结构得到不断调整和优化。此外，雾霾污染又可以通过产业比例和产业布局的变化作用于产业结构，通过城市的集聚效应和规模效应作用于城镇化，倒逼产业结构升级优化和城镇化质量水平的提高。由此可见，雾霾污染、产业结构、城镇化三者之间存在相互的双向作用机理。

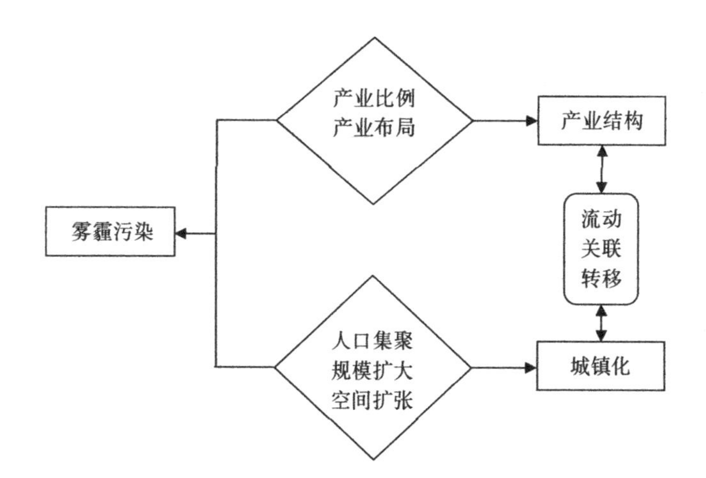

图2-1　雾霾污染、产业结构、城镇化作用机理

第3章

京津冀雾霾污染、产业结构、城镇化发展现状分析

3.1 京津冀概况

3.1.1 总体概况

国家“十一五”规划中提出的“京津冀都市圈区域规划”把京津冀都市圈的范围划定为“北京、天津两个直辖市以及河北省的石家庄、秦皇岛、唐山、廊坊、保定、沧州、张家口、承德8地市”，确立了“2+8”结构，后扩展至河北省11个地级市。2016年印发实施的《“十三五”时期京津冀国民经济和社会发展规划》将河南省安阳市纳入进来。由于安阳市纳入时间较晚，且出于研究需要，本书的京津冀地区指北京、天津及河北省的11个地级市。

截至2016年年底，京津冀地区总人口为1.12亿，地区生产总值为75625亿元，地区总面积约为21.6万平方公里。2014年年初京津冀协同发展上升为国家战略，京津冀协同发展的整体定位为“以首都为核心的世界级城市群、区域整体协同发展改革引领区、全国创新驱动经济增长新引擎、生态修复环境改善示范区”，并确立了“一核、双城、三轴、四区、多节点”的区域布局。2017年北京市出台《北京城市总体规划（2016—2035年）》明确提出北京市的战略定位是“全国政治中心、文化中心、国际交往中心、科技创新中心”，要有序疏解非首都功能。2016年国务院审核通过的《天津市城市总体规划2005—2020年》将天津市定位为“环渤海地区的经济中心，要逐步建设成为国际港口城市、北方经济中心和生态城市”，形成“一轴两带三区”的空间格局。河北省“十三五规划”中首次对11个地级市做出了明确的定位，明确了石家庄市、保定市、廊坊市为京津冀协同发展的核心区域地位。

3.1.2 政策依据

从2000年后中国共产党全国代表大会历次会议所做的报告内容来看，国家高度重视生态环境、产业结构与城镇化的协调发展并将其上升为国家战略。2002年10月，党的十六大报告中提出推进产业结构优化升级，将环境污染、资源消耗与新型工业化道路相结合，同时提出要加快城镇化进程，促进农村富余劳动力向城镇的转移。2007年10月，党的十七大报告对生态环境、产业结构、城镇化做出新的重要解读，其中首次提出了生态文明建设，形成能源、环境和产业结构的良性发展，推动产业结构升级，转变经济增长方式；报告同时提出坚持走中国特色城镇化道路，以城市群的辐射作用为依托，培育新的经济增长极。到2012年11月党的十八大会议召开，报告中对生态文明建设从国土空间、资源节约、生态环境、生态文明等方面做出重要解读，将生态环境质量和产业结构转型升级相结合，同时加大对战略性新兴产业、先进制造业的扶持力度，构建现代产业发展新体系；报告同时提出新四化，即新型工业化、信息化、城镇化和农业现代化，形成工业化和城镇化之间的良性互动，成为城镇化发展的转折点。紧随其后召开的中央经济工作会议上首次提出“集约、智能、绿色、低碳”的新型城镇化，2013年11月中共十八届三中全会上明确坚持走中国特色新型城镇化的道路。在此基础上，2014年3月中共中央、国务院发布《国家新型城镇化规划（2014—2020年）》，进一步明确了新型城镇化的发展路径、主要目标和战略任务，为我国城镇化转型、产业结构及城市空间布局优化、城市生态环境保护指明发展方向。2017年10月，党的十九大报告对生态文明建设做了更深一步地延伸，对生态环境问题做出具体部署；产业结构升级更侧重供给侧方面，制造业改革上升为世界级先进制造业集群的培育；报告同时强化了城市群在推进新型城镇化中的主体地位。从这些内容上看，国家对生态环境、产业结构转型升级、城镇化等的重视度从数量到质量，从结构到空间逐步提高，规划部署不断细化，因此研究产业结构、城镇化水平与环境污染之间的空间关系具有十分重要的战略意义和现实意义。

从2000年以后的历次国民经济和社会发展五年规划纲要来看，均对我国的环境、产业结构、城镇化等方面做了严谨、科学的规划。2005年10月，“十一五”规划（2006—2010年）纲要中提到，我国经济社会发展以促进产业结构的优化升级为首要目标，协调产业、环境和人口的发展，加大城市污染防治力度，该规划首次提出“把城市群作为推进城镇化的主体形态”，要促进城镇化空间格局的高效协调发展。经过五年的发展，我国在产业结构调整、生态环境改善、城镇化发展方面取得了一定成就，中国经济发展方式进入转型的关键时期。2010年10月，“十二五”规划（2011—2015年）纲要发布，该规划重点涉及增长方式、产业政策、社会结构、发展战略、分配模式五大转型，其中与产业相关的是确定了产业结构转型升级的重点对制造业进行改造升级，明确了产业结构调整的四个定量指标①，优化产业布局；在城镇化建设方面强调优化城镇化布局和形态，提升城镇综合承载能力以预防“城市病”，提高空气质量达标比例，把城市群作为“十二五”规划的重点发展对象。此次规划的出台标志着我国进入一个重要的转型时期，产业转型由此前单纯的结构性调整转为量化调整并兼顾空间的布局优化，由高速增长时期转为中高速增长时期。在随后的“十三五”规划（2016—2020年）纲要中，再次重申优化升级产业结构及现代产业体系，提出“中国制造2025”强国战略；这次规划细化了新型城镇化建设的规划方案，更加注重提升城市资源环境承载力，提高生态环境质量。由历次五年规划方案可以看出，国家在产业结构优化升级、城镇化建设、生态环境保护等方面制定了具体的行动方案，加强了我国城市发展、区域经济协调发展的规划引导。

---

① 四个定量指标是指：（1）“十二五”规划期末，第三产业的比例比2010年提高四个百分点。（2）高技术产业增加值占工业增加值的比例，比2010年提高五个百分点，战略性新兴产业发展呈现规模。（3）全要素生产率的贡献率，比2010年提高10—15个百分点，技术进步对经济增长的贡献显著提高。（4）可持续发展能力进一步增强，单位GDP能耗比2010年下降17%左右，单位GDP二氧化碳排放下降20%左右。

由此可见，国家高度重视生态与产业结构、城镇化的协调发展，而京津冀地区致力于打造以首都为核心的世界级城市群，促进生态与产业结构、城镇化的和谐发展显得尤为必要。

3.2 京津冀雾霾污染的现状分析

3.2.1 空气质量优良天数

2013 年以来，全国 74 个空气质量相对较差的前十个城市中，邢台、石家庄、保定、邯郸、衡水、唐山、廊坊、天津等城市均属于京津冀地区①。《2015 中国环境状况公报》中公布的空气质量相对较差的十个城市中河北省占据七个席位，2013 年、2014 年京津冀三地重度污染天数占全年天数百分比分别为 15.9%、13.42%、21.9%；18%、12.9%、9.3%②，在全国重度污染天数占比中排前列。重度污染天数占比有所下降，2016 年，京津冀地区重度污染天数分别占比 9.2%、10.8%、8.1%。

由图 3－1 可知，京津冀地区空气质量优良天数占全年天数的比重从 2004 年以来有所改善，2008 年以后北京市和河北省增势放缓，天津市空气质量优良天数比重下降；2012 年至 2013 年下降幅度较大，主要原因是 2013 年开始，国家环境重点保护城市和环保模范开始实施《环境空气质量标准》（GB3095—2012），代替原有的《环境空气质量标准》（GB 3095—1996），城市环境质量统计标准改变；2013 年后京津冀地区空气质量优良天数比重整体呈上升趋势，天津市优于北京市和河北地区。

---

① 资料来源：《2013—2015 年中国环境状况公报》，中华人民共和国环境保护部网站：http：//www.zhb.gov.cn/hjzl/zghjzkgb/lnzghjzkgb/.

② 资料来源：2013—2014 年《京津冀环境状况公报》。

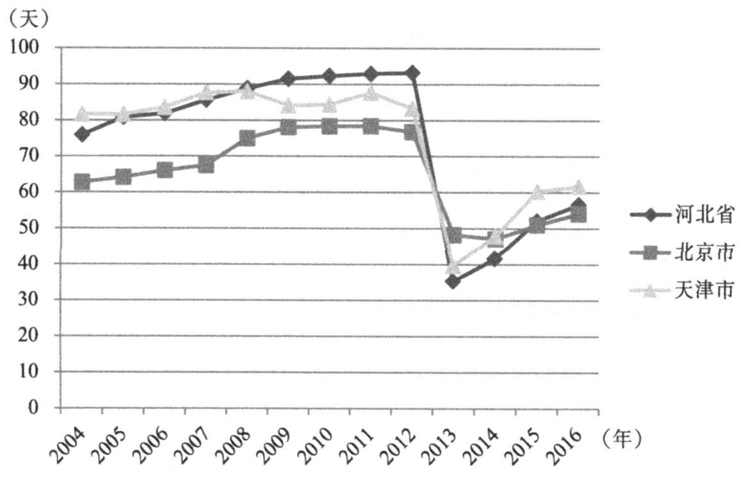

图 3-1　京津冀地区空气质量优良天数状况

资料来源：2004—2016 年京津冀环境状况公报。

3.2.2　空气质量指数（AQI）和 PM10 状况

空气质量指数（Air Quality Index，简称 AQI）是定量描述空气质量状况的无量纲指数。AQI 指数分为六级：0—50；51—100；101—150；151—200；201—300；300 以上，级别越高代表污染程度越严重，AQI < 100，说明空气质量优良；AQI > 100，说明空气污染，具体如表 3-1 所示。

表 3-1　空气质量指数标准

空气质量指数	空气质量指数级别	空气质量指数类别	对健康影响情况
0—50	一级	优	空气质量令人满意，基本无空气污染
51—100	二级	良	空气质量可接受，但某些污染物可能对极少数异常敏感人群健康有较弱影响
101—150	三级	轻度污染	易感人群症状有轻度加剧，健康人群出现刺激症状
151—200	四级	中度污染	进一步加剧易感人群症状，可能对健康人群心脏、呼吸系统有影响

续表

空气质量指数	空气质量指数级别	空气质量指数类别	对健康影响情况
201—300	五级	重度污染	心脏病和肺病患者症状显著加剧，运动耐受力降低，健康人群普遍出现症状
>300	六级	严重污染	健康人群运动耐受力降低，有明显强烈症状，提前出现某些疾病

资料来源：HJ 633—2012《环境空气质量指数（AQI）技术规定（试行）》。

由图 3-2 可知，京津冀三地 AQI 指数走势基本相同。从 2013 年 12 月以来，大部分月份 AQI 指数均大于 100，处于轻度污染以上，尤其是进入每年的供暖季，AQI 指数均高于其他月份。北京地区的 AQI 指数略高于其他两个地区，2014 年 11 月，正值 APEC（亚太经合组织）会议召开期间，北京市 AQI 指数小于 100，空气质量优良。

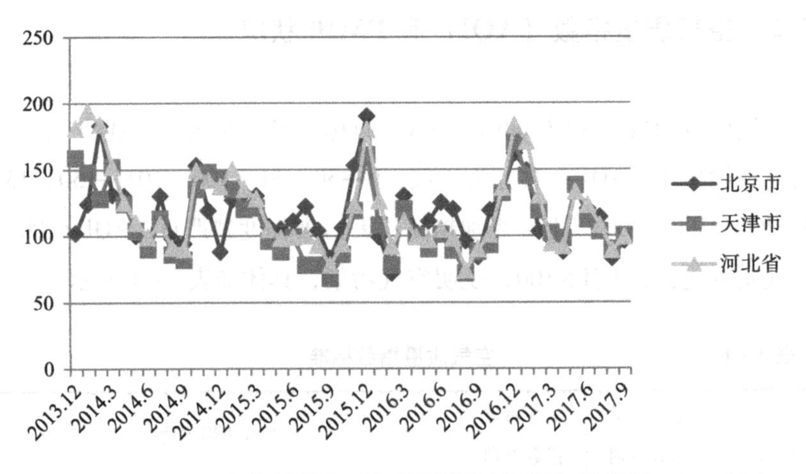

图 3-2　京津冀地区空气质量指数（AQI）状况

资料来源：中国空气质量在线监测分析平台 https：//www. aqistudy. cn。

PM10 是指颗粒物粒径小于 10 微米的可吸入颗粒物，主要来源于工业生产过程、施工及运输扬尘等。京津冀地区的 PM10 状况如图 3-3 所示。京津冀地区 PM10 走势与 AQI 走势基本一致，河北省 PM10 略高于北京市和天津市，进入供暖季后，PM10 明显增高。

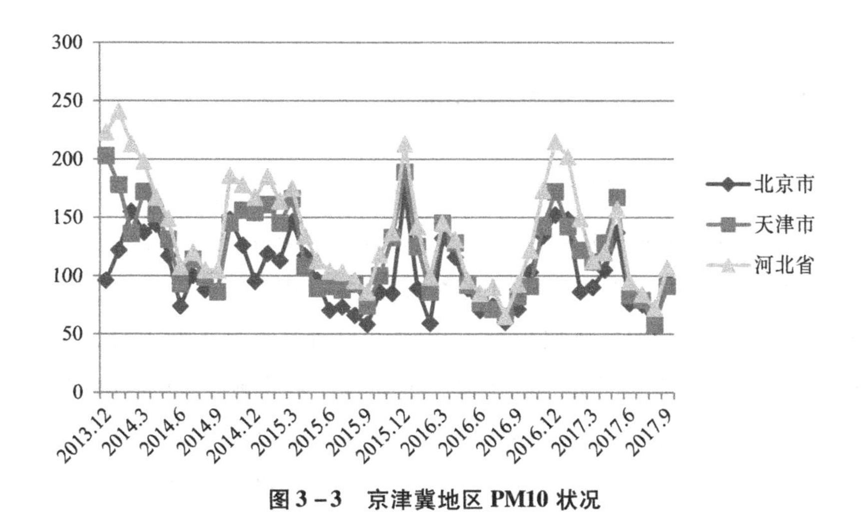

图 3－3　京津冀地区 PM10 状况

资料来源：中国空气质量在线监测分析平台 https：//www. aqistudy. cn。

3. 2. 3　雾霾污染空间分布状况

由于我国地级市的 PM2. 5 数据的监测始于 2013 年年末，之前数据缺失严重，且 2013 年以后我国各地雾霾污染天气大范围爆发，因此本书选取 2014—2015 年 PM2. 5 数据考察其空间分布状况。

将 PM2. 5 浓度值渲染在全国地图上的话①，京津冀地区的 PM2. 5 年平均浓度值在全国范围内均为颜色最深，PM2. 5 年平均浓度值较高，从 2014 年和 2015 年的 PM2. 5 浓度值的数据来看②，2015 年该区域周边大部分省份空气质量都得到了改善，但该区域 PM2. 5 年平均浓度值仍较高，相较于 2014 年来说，改善不大。京津冀地区空气污染在全国范围内仍较严重。

京津冀 13 个地级市中，以保定、石家庄、邢台、邯郸四市雾霾污染最严重，从京津冀地区 PM2. 5 平均浓度值的空间分布来看，张家口、承德、秦皇岛三市空气质量相对较好，在京津冀雾霾联防联控下 2014 年京津冀地区的雾霾程度相对 2013 年有所改善，但邢台市的雾霾仍为该地区最为严重的。

① 资料来源：中国空气质量在线监测分析平台 https：//www. aqistudy. cn。

② 资料来源：根据京津冀地区 2013—2014 年《环境状况公报》整理。

3.2.4 “三废”污染物排放状况

雾霾的主要组成成分为二氧化硫、可吸入颗粒、氮氧化物三废。如图3－6所示，从2006—2015年，北京市的烟粉尘排放量远低于天津市和河北省且变化量不大，天津市和河北省烟粉尘在2014年达到最大，2015年略有下降；北京市 SO_2 排放量低于天津市与河北省且不断下降，天津市 SO_2 排放量从2006年开始不断下降，河北省二氧化硫在2010年以后迅速增加；北京市与天津市氮氧化物排放量趋势相近，2010年以后天津市氮氧化物排放量远高于北京市，河北省与天津市氮氧化物排放量变化趋势相似，在2011年前后达到最高值，这也是造成2013年以后京津冀地区雾霾天气增多的主要因素。

由图3－4可以看出，从2006—2015年，京津冀地区的三废排放量基本都在2011—2013年增多，这也是造成2013年以后京津冀地区雾霾天气增多的主要因素。随着雾霾治理措施的实施，2013年以后均有下降趋势。

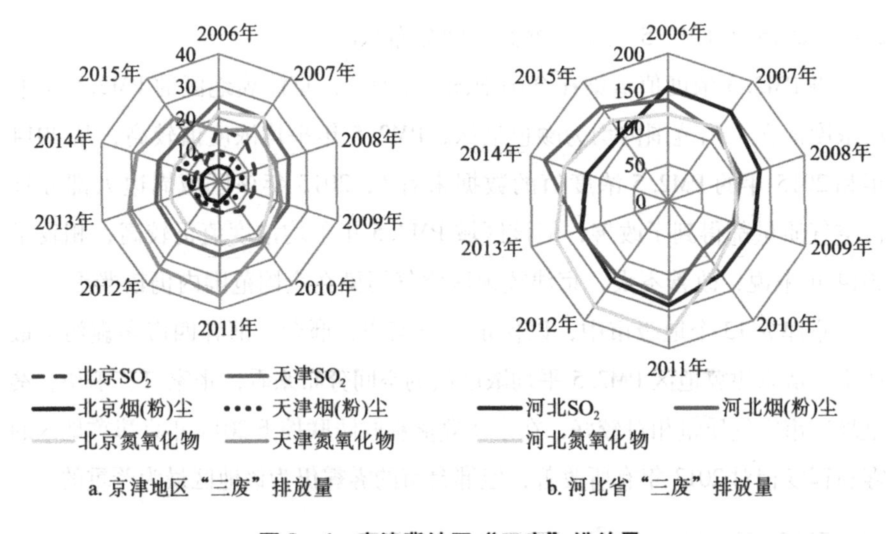

图3－4　京津冀地区“三废”排放量

资料来源：2006—2015年京津冀各省环境状况公报。

3.3　京津冀产业结构的现状分析

3.3.1　三大产业比重

从图3－5可以看出，北京市产业结构相对比较合理，第一产业比重持续下降，并多以城郊新型农业为主；第二产业稳中有降，医药、金属制造、交通运输等行业发展迅速；第三产业比重不断提高且远高于第二产业比重，物流仓储、金融、文化服务等现代服务行业发展迅速，已形成“三二一”的产业结构格局。天津市和河北省两地产业结构相似，天津市第二产业比重略高于第三产业，多以装备制造业、石化等资本和技术密集型行业为主；河北省第二产业比重远高于第三产业比重，第二产业比重偏高且多以煤炭开采和洗选业、黑色金属矿采选业、黑色金属冶炼和压延加工业、金属制品业等为主，天津、河北两地产业结构为“二三一”格局，这也是造成京津冀地区雾霾污染严重的主要原因之一。

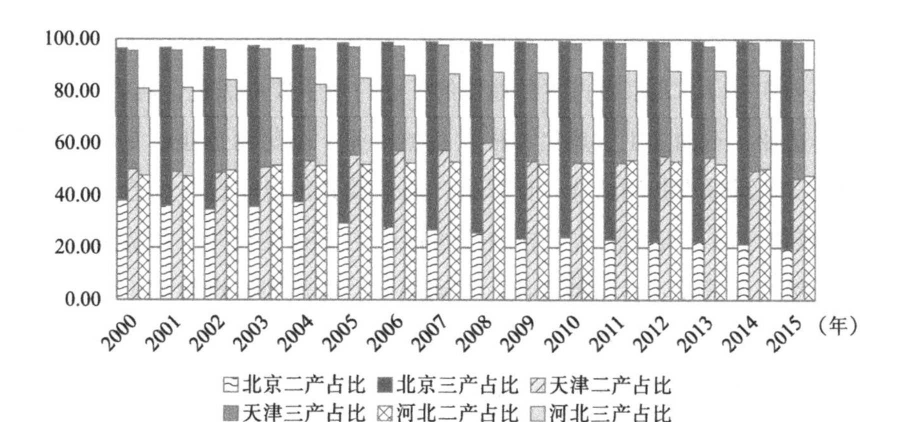

图3－5　京津冀地区三大产业占比

资料来源：2001—2016年《中国城市统计年鉴》。

从三大产业增速来看，2015 年，京津冀地区第三产业增速较快，尤其是河北省第三产业增幅较大，第二、第三产业增速分别为 4.7% 和 11.2%，北京市第二、第三产业增速分别为 3.3% 和 8.1%，天津市第二、第三产业增速分别为 9.2% 和 9.6%①。从产业贡献率来看，北京市第三产业贡献率远高于天津市和河北省，达到了 90.2%，天津市第二产业贡献率高于第三产业贡献率，第二产业为 53%，第三产业为 46.7%，河北省第三产业贡献率高于第二产业，第二产业为 37.2%，第三产业为 59%②。

3.3.2 各行业区位商

根据区域经济学中的区位商理论，区位商主要反映某一产业在该地区的优势，区位熵值越大，说明优势越明显，在产业结构研究中，我们借助该概念来分析区域的主导产业或优势产业。区位商可用公式表示为：

$$LQ_{ij} = (q_{ij}/q_j) / (q_i/q) \tag{3-1}$$

式（3-1）中，LQ_{ij}就是 j 地区的 i 产业在全国的区位商；q_{ij}为 j 地区的 i 产业的主营业务收入；q_j为 j 地区所有产业的主营业务收入；q_i在全国范围内 i 产业的主营业务收入；q 为全国所有产业的主营业务收入。

由于天津市和河北省第二产业比重偏高，因此本书选取 2010—2015 年京津冀三地第二产业中主要行业利用区位商公式计算出各个行业的区位熵值（见表 3-2）。北京市占主导地位的工业行业主要有黑色金属矿采选业、食品制造业、石油加工、炼焦和核燃料加工业、医药制造业、专用设备制造业、交通运输设备制造业、计算机、通信和其他电子设备制造业等行业（区位熵值 >1）；天津市占主导地位的行业主要有煤炭开采和洗选业、石油和天然气开采业、食品制造业、石油加工、炼焦和核燃料加工业、医药制造业、黑色金属冶炼和压延加工业、金属制品业、交通运输设备制造业等行业；河北省占主导地位的工业行业主要有煤炭开采和洗选业、黑色金

---

① 资料来源：2016 年《北京区域统计年鉴》。

② 资料来源：2016 年《北京统计年鉴》《天津统计年鉴》《河北统计年鉴》。

属矿采选业、纺织业和医药制造业、石油加工、炼焦和核燃料加工业、黑色金属冶炼和压延加工业、金属制品业、电力、热力生产和供应业等。从表3-2也可看出，北京市医学制造业、交通运输设备制造业等技术密集型制造业区位商值在不断提高，天津市黑色金属冶炼和压延加工业、有色金属冶炼和压延加工业、专用设备制造业等资本密集型制造业区位商值有上升趋势，而河北省主导行业区位商值有上升趋势的则集中在皮革、毛皮、羽毛及其制品和制鞋业、黑色金属冶炼和压延加工业、金属制品业等劳动和资本密集型行业。在产业梯度分布上，京津两地具有明显的产业梯度优势，主要以采选业、资本密集型制造业和技术密集型制造业为主，工业产业结构相似；而河北省则在采选业和劳动密集型制造业的产业梯度上具有比较优势，与京津两地产业梯度差异明显。

3.3.3 产业结构相似系数

产业结构相似系数一般采用联合国工业发展组织（UNIDO）国际研究中心提出的相似系数，其公式表达为：

$$S_{ij} = \frac{\sum_{k=1}^{n} X_{ik} X_{jk}}{\left(\sum_{k=1}^{n} X_{ik}^2 \sum_{k=1}^{n} X_{jk}^2\right)^{\frac{1}{2}}} \tag{3-2}$$

公式（3-2）中，S_{ij}代表产业结构相似系数；X_{ik}和X_{jk}分别代表i地区和j地区的k产业在国内总产值中所占比重，$0 < S_{ij} < 1$，S_{ij}数值越大，越接近于1，说明产业结构相似程度越高，越接近于0，说明地区间产业结构越不相同。本书选取2000—2015年京津冀三地三大产业比重计算该区域产业结构相似系数，计算结果如表3-3所示。

表 3 - 2　　2010—2015 年京津冀地区各主要行业区位商值

地区 行业	2010 年			2011 年			2012 年			2013 年			2014 年			2015 年		
	京	津	冀	京	津	冀	京	津	冀	京	津	冀	京	津	冀	京	津	冀
煤炭开采和洗选业	1.145	1.094	1.609	2.068	1.160	1.465	1.313	1.412	1.690	1.215	1.932	1.428	1.011	2.242	1.396		1.367	1.418
石油和天然气开采业		5.118	0.490	1.519	5.377	0.496		4.600	0.546	***	4.121	0.562		3.943	0.584		3.680	0.543
黑色金属矿采选业	3.858	0.314	5.715	6.750	0.356	5.535	3.222	0.427	5.959	2.566	0.353	6.061	2.112	0.363	5.797	1.777	2.696	5.347
非金属矿采选业	0.064	0.139	0.501	0.000	0.124	0.627		0.109	0.479	0.040	0.092	0.486	0.032	0.085	0.548		0.085	0.515
食品制造业	1.040	1.200	0.870	0.297	1.989	0.943	1.282	2.221	0.973	1.234	2.256	1.023	1.274	2.397	1.070	1.342	2.351	1.053
纺织业	0.132	0.127	0.744	0.055	0.107	0.813	0.083	0.109	0.951	0.071	0.108	0.996	0.054	0.112	1.071	0.038	0.155	0.987
皮革、毛皮、羽毛及其制品和制鞋业	0.064	0.115	1.731		0.109	1.914	0.065	0.170	1.793	0.060	0.166	2.037	0.051	0.160	2.158	0.049	0.218	2.132
印刷和记录媒介复制业	1.923	0.449	0.822	1.507	0.425	0.845	1.563	0.370	0.954	1.351	0.578	1.172	1.092	0.534	1.110	1.027	0.568	1.088
文教、工美、体育和娱乐用品制造业	0.248	0.629	0.244	0.192	0.644	0.296	0.515	0.711	0.366	0.466	1.100	0.494	0.370	1.150	0.485	0.491	1.306	0.518
石油加工、炼焦和核燃料加工业	1.374	1.347	1.175	2.253	1.353	1.202	1.283	1.195	1.242	1.108	1.285	1.185	1.212	1.105	1.068	1.064	1.463	1.265
化学原料和化学制品制造业	0.375	0.772	0.670	0.254	0.762	0.632	0.293	0.704	0.631	0.266	0.669	0.673	0.246	0.678	0.695	0.249	0.630	0.682
医药制造业	1.524	1.110	1.014	0.856	1.016	0.915	1.667	1.037	0.915	1.630	0.946	0.901	1.572	0.891	0.881	1.636	0.881	0.881
黑色金属冶炼和压延加工业	0.392	2.296	3.713	0.213	2.278	3.616	0.133	2.151	3.429	0.117	2.237	3.367	0.105	2.519	3.510	0.100	2.830	3.832

续表

行业＼地区	2010年			2011年			2012年			2013年			2014年			2015年		
	京	津	冀	京	津	冀	京	津	冀	京	津	冀	京	津	冀	京	津	冀
有色金属冶炼和压延加工业	0.116	0.654	0.280	0.142	0.671	0.270	0.119	0.692	0.276	0.090	0.770	0.266	0.081	0.881	0.244	0.081	0.756	0.211
金属制品业	0.653	1.443	1.201	0.309	1.563	1.452	0.610	1.474	1.484	0.557	1.413	1.623	0.538	1.430	1.675	0.532	1.503	1.692
通用设备制造业	0.768	0.900	0.736	0.339	0.888	0.816	0.807	0.873	0.594	0.725	0.898	0.628	0.700	0.930	0.669	0.672	1.002	0.641
专用设备制造业	1.220	0.939	0.754	1.113	0.884	0.707	1.092	1.305	0.861	1.149	1.286	0.886	1.042	1.113	0.911	1.018	1.190	0.877
交通运输设备制造业	1.926	1.414	0.527	2.686	1.325	0.530	2.992	1.723	1.160	3.239	1.598	1.259	3.386	1.598	1.440	3.607	1.884	1.514
计算机、通信和其他电子设备制造业	2.178	1.271	0.106	0.448	1.272	0.100	1.927	1.428	0.102	1.850	1.493	0.111	1.844	1.325	0.120	1.618	1.120	0.122
仪器仪表制造业	1.897	1.031	0.247	1.115	0.759	0.223	2.166	0.446	0.225	2.054	0.368	0.231	2.044	0.397	0.244	2.069	0.392	0.284
电力、热力生产和供应业	2.472	0.589	1.156	4.611	0.559	1.112	3.150	0.530	1.097	3.759	0.523	1.156	3.984	0.542	1.205	4.262	0.581	1.272
燃气生产和供应业	2.808	0.821	0.358	0.707	0.877	0.418	3.306	0.995	0.534	3.113	0.895	0.640	3.366	0.867	0.720	3.786	0.719	0.815
水的生产和供应业	1.431	0.966	0.564	3.329	1.115	0.482	1.947	1.189	0.472	1.950	1.151	0.528	2.663	1.092	0.541	2.471	1.013	0.595

资料来源：根据2010—2015年《中国统计年鉴》和2010—2015年《河北省经济统计年鉴》计算整理所得。

表 3-3　　京津冀地区产业结构相似系数

年份	北京—天津	北京—河北	天津—河北
2000	0.967948	0.898502	0.962512
2001	0.962912	0.887226	0.961253
2002	0.956929	0.880413	0.969435
2003	0.950823	0.875277	0.971494
2004	0.946296	0.86801	0.965316
2005	0.864526	0.807885	0.978903
2006	0.834711	0.795653	0.983272
2007	0.826144	0.786429	0.983702
2008	0.783353	0.762946	0.985831
2009	0.845933	0.76804	0.978362
2010	0.856561	0.768175	0.976335
2011	0.850294	0.752333	0.975881
2012	0.814723	0.748458	0.981594
2013	0.81163	0.763855	0.987237
2014	0.868329	0.780372	0.976872
2015	0.884127	0.802807	0.978522

资料来源：2001—2014 年《中国区域经济统计年鉴》、2015—2016 年《中国城市统计年鉴》计算整理所得。

从表 3-3 的计算结果来看，京津冀地区产业结构趋同，产业结构相似系数均大于 0.7，但总体来看趋于下降。北京市和天津市产业结构相似系数从 2000 年以来一直处于下降趋势，2013 年后有所上升；北京市和河北省的产业结构相似系数由 2000 年的 0.899 下降到 2014 年的 0.78，产业结构发展差异越来越大，2015 年又有所回升；天津市与河北省产业结构相似系数值较高，2000 年至 2015 年均在 0.96 以上，产业结构趋同程度较高。

图 3-6 以北京市、天津市、河北省各市 2000 年、2008 年、2015 年三年的产业结构相似系数为例，2000 年以来，北京市与京津冀其他城市产业结构相似系数整体呈下降趋势。北京市与天津市、秦皇岛市、张家口市产业结构相似程度较高，与唐山市、邢台市、承德市产业结构相似程度较低；廊坊市与北京市在经历了 2008 年的产业结构差异后，至 2015 年为止，

两者产业结构相似系数接近。

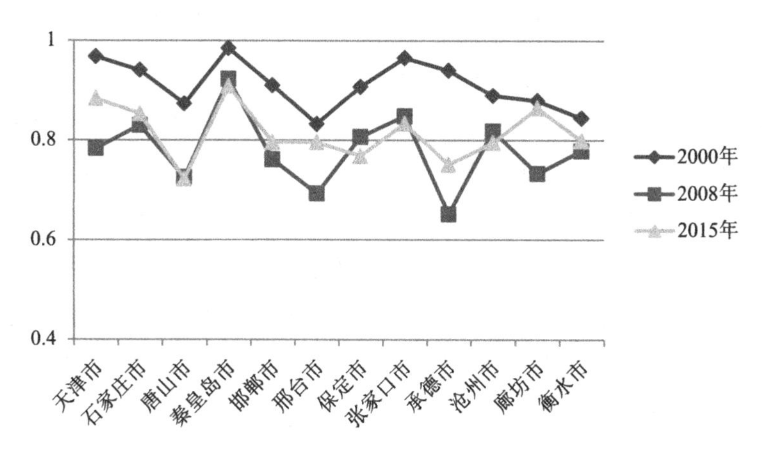

图3－6　北京与天津、河北各市产业结构相似系数变化图

资料来源：2001年、2009年《中国区域经济统计年鉴》、2015年《中国城市统计年鉴》计算绘制所得。

3.3.4　产业结构的空间分布变化

京津冀城市群中北京市和天津市已形成较合理的产业结构格局。从京津冀地区产业比重变化的地理空间分布来看，从2000年至2015年，京津冀地区第二产业整体呈现出下降趋势。其中，北京市第二产业比重下降最多，下降了12.82%，唐山、保定、承德、沧州四市出现正增长，其他市均为负增长。2000年京津冀地区第二产业重心主要在天津市、唐山、邢台、沧州、廊坊、衡水等市（第二产业比重均在50%以上），到2015年第二产业重心则转移至唐山市、保定市，第二产业比重分别增加了4.63%和5.42%①。从2000年至2015年京津冀地区第三产业整体呈现出上升趋势。从空间分布来看，如图3－9所示，2000年，京津冀地区第三产业重心主要集中在北京、天津、秦皇岛等市，至2015年，京津冀地区第三产业重心

① 资料来源：根据2000年《中国区域经济统计年鉴》、2015年《中国城市统计年鉴》中数据计算。

转移至北京、天津、廊坊、邢台、衡水等市，其中廊坊市、北京市、邢台市、衡水市增速较快。张家口市和承德市第三产业出现负增长。其中唐山市、保定市第二第三产业比重增速均较快。

现在考察工业产业结构的地理空间分布。按照要素密集度将我国国民经济分类中的29种制造业大类分为劳动密集型、资本密集型和技术密集型三类①，具体行业分类如表3－4所示。根据要素禀赋差异状况来看，京津冀地区的劳动密集型制造业整体呈现出衰退趋势，2000—2015年，仅石家庄、衡水两市工业总产值比重增长为正，其他城市工业总产值比重增长均为负；承德市劳动密集型制造业工业总产值比重下降最多，下降了20.88%。劳动密集型制造业的重心由2000年的保定市、邢台市转移至石家庄市、衡水市。

2000—2015年，京津冀地区的资本密集型制造业工业产值占GDP比重总体呈现出上升趋势。从资本密集型制造业的地理空间分布来看，沧州、唐山、天津三市比重提升最快；北京市下降最多，从2000年的30.87%下降至2015年的15.66%②；资本密集型制造业主要集中分布在唐山、邯郸、沧州等市。

从2000年的京津冀地区的技术密集型制造业占比的地理空间分布图来看，技术密集型制造业主要集中分布在北京市和天津市。至2015年，北京市的份额略有下降，沧州市和天津市下降最多，分别下降11.35%和10.52%；保定市和邢台市所占份额增长较快，分别增长了12.95%和11.13%③，保定市成为京津冀地区技术密集型制造业的又一重心。

总体来看，京津冀地区的劳动密集型制造业出现衰退趋势，资本密集型和技术密集型制造业开始由京津向河北省唐山、邯郸、沧州、保定等市转移，但资本密集型和技术密集型制造业的重心依然以北京市和天津市为主。

---

① 2003年之后制造业分为30个大类，增加了废弃资源和废旧材料回收加工业大类，为了便于研究，本书仍然选取29个行业大类进行比较分析。

② 资料来源：2000—2015年《北京市统计年鉴》。

③ 资料来源：各市统计年鉴。

根据中华人民共和国环境保护部（以下简称环保部）2008年6月24日公布的《上市公司环保核查行业分类管理名录》，火电、钢铁、水泥、煤炭、冶金、采矿、石化、化工、制药等14个行业为重污染行业。各子类型行业包含的具体行业如表3－4所示。

表3－4　　各子类型行业划分及包含具体行业

子类型行业	具体行业
污染行业	火电、钢铁、水泥、煤炭、冶金、采矿、石化、化工、制药等14个行业为重污染行业（参照《上市公司环保核查行业分类管理名录》）
采掘业	煤炭开采和洗选业；黑色金属矿采选业；有色金属矿采选业；非金属矿采选业等
劳动密集型行业	农副食品加工业；食品制造业；酒、饮料和精制茶制造业；纺织业；纺织服装、服饰业；皮革、毛皮、羽毛及其制品和制鞋业；木材加工和木、竹、藤、棕、草制品业；家具制造业；造纸和纸制品业；印刷和记录媒介复制业；文教、工美、体育和娱乐用品制造业；橡胶和塑料制品业等
资本密集型行业	石油加工及炼焦业；非金属矿物制品业；黑色金属冶炼及压延加工业；有色金属冶炼及压延加工业；金属制品业；普通机械制造业；专用设备制造业；仪器仪表及文化、办公用机械制造业等
技术密集型行业	化学原料及化学制品制造业；医药制造业；化学纤维制造业；交通运输设备制造业；电气机械及器材制造；电子及通信设备制造等

资料来源：①《上市公司环保核查行业分类管理名录》。

②李国平．产业转移与中国区域空间结构优化［M］．科学出版社，2016.

为了便于考察京津冀地区的雾霾污染状况，本书对京津冀地区的重污染行业工业总产值所占比值进行了空间分析。

从地理分布来看，重污染行业工业总产值占GDP比重最高地区为天津市，达到了78.22%，其次为北京、石家庄、唐山等市，重污染行业对GDP影响较小的地区为张家口市和秦皇岛市。正是由于这些重污染行业占GDP比重过高，导致了京津冀地区雾霾污染程度较高，这也与环保部《2015年中国环境状况公报》中公布的空气质量相对较差的城市相吻合。

3.4 京津冀城镇化的现状分析

3.4.1 城镇化水平

城镇化，是指人口向城镇聚集、城镇规模扩大以及由此引起一系列经济社会变化的过程。城镇化发展过程中引起人口集聚、城市规模扩大，伴随城市用地的扩张、各种资源的利用和能源的消耗，各种污染物排放量增多，环境压力增大，雾霾污染加重。

如图 3-7 所示，京津冀三地的城镇化水平与产业结构走势相似：2005—2015 年北京、天津两市城镇化水平偏高，分别达到 80% 和 70% 以上，且差距在不断缩小，至 2015 年北京市、天津市城镇化水平分别达到了 86.46% 和 82.61%；河北省城镇化水平相对比较低，2006 年以后超过 40%，至 2015 年河北省城镇化水平为 51.33%，与北京市、天津市两地差距较大。总体来看，2005—2015 年京津冀地区城镇化水平不断提高，2013

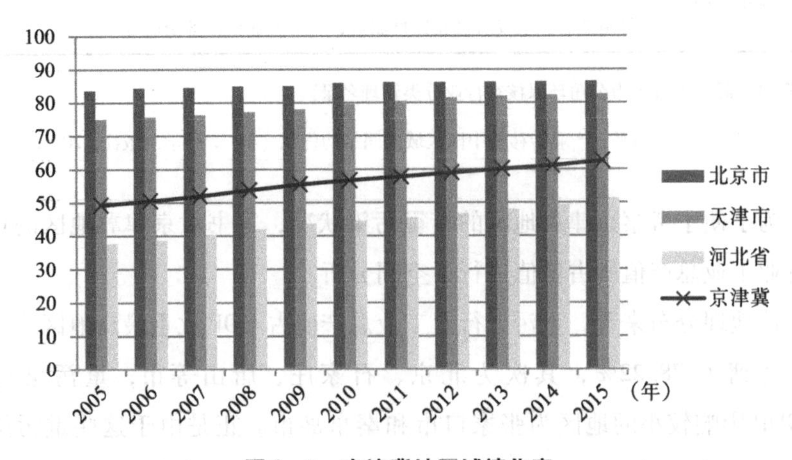

图 3-7 京津冀地区城镇化率

资料来源：全国分县市人口统计资料，2013—2015 年国家统计局计算绘制所得。

年整个地区城镇化率超过 60%，超出全国平均城镇化率水平。

3.4.2　城镇化质量水平

传统的城镇化水平的测度仅是以人口统计学指标进行测度，衡量城镇化水平发展的数量。党的十八大以前，中国注重城镇化的速度，忽视了城镇化质量，党的十八大之后，明确提出了提高城镇化质量。中国社科院发布的《中国城镇化质量综合评价报告》中构建一套城镇化质量综合评价指标体系，该体系建立了设定城市发展质量指数、城镇化效率指数、城乡协调指数三个一级指标，经济、社会、空间发展质量等 7 个二级指标及全市人均 GDP、城镇恩格尔系数等 34 个三级指标，并对各级指标设置了不同的权重。

如图 3－8 所示，选取 2013 年京津冀地区 13 个地级市相关数据，根据《中国城镇化质量综合评价报告》的评价指标体系，计算出京津冀地区的城镇化质量指数。京津冀地区北京市和天津市城镇化质量水平较高，达到了 0.6 以上；河北省各地级市城镇化质量水平较低，承德市最低，不到 0.4。由此可见，河北省各市城镇化质量水平整体不高，有待进一步提高。

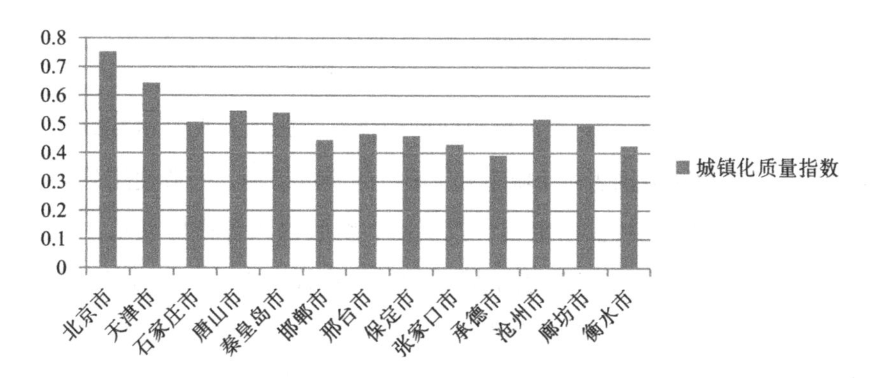

图 3－8　2013 年京津冀地区城镇化质量水平

资料来源：2013 年《中国城市统计年鉴》计算绘制所得。

3.5 京津冀城市群空间联系现状分析

京津冀城市群包括北京、天津两个特大城市及河北省11个地级市，整体面积为21.60万平方千米，2015年总人口达到11142.4万人，国内生产总值达到70294.37亿元，在全国占有重要地位。2015年4月，中共中央政治局审议通过的《京津冀协同发展规划纲要》中提出未来京津冀地区要重点疏解北京非首都功能，在京津冀交通一体化、生态环境保护、产业升级转移等重点领域率先取得突破。

3.5.1 经济联系强度

经济联系强度反映了城市之间经济的相互作用和影响，体现了城市之间的空间关系和经济联系的强弱。经济学家引入物理学中的万有引力定律（孙久文，2016）①，提出了经济学领域的引力模型，用来测度城市间引力，即经济联系强度。本书选取经典引力模型的计算公式来计算经济联系强度：

$$R_{ij} = K \times \frac{M_i M_j}{D_{ij}} = K \times \frac{\sqrt{P_i G_i} \times \sqrt{P_j G_j}}{D_{ij}^d} \tag{3-3}$$

公式（3-3）中，R_{ij}表示城市间的经济联系强度；K表示常数，一般取值为1；M_i和M_j分别表示i城市和j城市的质量指标，一般使用某城市的人口规模、GDP、全社会固定资产投资额、财政收入等指标表示，本书选取城市的人口规模和GDP来表示城市的质量指标；P_i和P_j分别表示i城市和j城市的人口规模；G_i和G_j分别表示i城市和j城市的GDP；D_{ij}则表示城市之间的地理距离；d表示距离衰减指数，d值越大，说明引力随距离增

---

① 孙久文、罗标强．京津冀地区城市结构及经济联系研究［J］．中国物价，2016(9)：25-27.

加衰减的速度越快，顾朝林等（2008）对 d 取不同值验证后发现取值为 2 时最能揭示城市体系的空间联系状态，因此本书 d 取值为 2。

本书选取2000 年、2008 年和2015 年京津冀地区13 个省市的人口规模和 GDP 计算城市间的经济联系强度①，计算结果数值越大，说明城市间的经济联系越紧密。城市间的这种经济联系相互连接形成网络状，网络连接线的粗细代表了经济联系度的强弱。从城市间经济联系的强度值来看，北京市与天津市经济联系强度最强，廊坊市次之；天津市与廊坊市、唐山市经济联系强度较强，秦皇岛市与邯郸市经济联系强度最弱：2015 年，北京市和天津市之间的经济联系强度值为3375.368，北京市、天津市与廊坊市之间的经济联系强度值分别为2855.688 和1173.983，天津市与廊坊市和唐山市之间的经济联系强度值分别为1173.983 和872.422，秦皇岛市与邯郸市经济联系强度仅为2.123。从变化趋势来看，2000—2015 年，经济联系强度的网络分布越来越复杂，说明京津冀各省市之间的经济联系不断加强。京津石、京津保、京津廊、京津唐等城市之间强度变化明显，城市间的经济联系强度更加密切：2015 年，北京市和天津市之间的经济联系强度值比2000 年提高了15 倍；北京市、天津市与廊坊市之间的经济联系强度值与2000 年相比均提高了9 倍；北京市、天津市和石家庄市之间的经济联系强度均提高了10 倍，与保定市之间的经济联系强度分别提高了10 倍和11 倍，与唐山市之间的经济联系强度分别提高了11.7 倍和12 倍；河北省内石家庄市与邢台、邯郸、保定、衡水等市经济联系加强，张家口市与北京市之间的经济联系强度增势也较明显，但与其他各市经济联系强度较弱；邢台市与承德市之间的经济联系强度提高了12 倍，河北省其他各市之间经济联系相对较弱。

由此可见，北京市、天津市对河北省廊坊、唐山、保定、张家口、沧州、石家庄、承德7 市的辐射带动作用较强，对其他城市辐射带动作用较弱。

---

① 人口数据和GDP 数据来源于2001 年、2009 年、2016 年《中国统计年鉴》《河北统计年鉴》。

3.5.2 交通网络的空间分布状况

2016年11月18日，国家发改委批复了《京津冀地区城际铁路网规划》，规划中提到以“京津、京保石、京唐秦”三大通道为主轴，计划到2030年基本实现以“四纵四横一环”为骨架的城际交通网络，为京津冀协同发展提供交通支撑。

本书选取交通网络密度和交通网络联系度来衡量京津冀地区的交通网络的空间分布状况。便利的交通更有利于人口、产业等的集聚，进而促进城市间联系强度的加强，但同时交通网络的复杂也会造成雾霾天气的增多。交通网络密度对一地区的经济发展具有重要作用，交通网络密度的公式表示为：$D_i = L_i/S_i$，其中，D_i表示为i的交通网络密度；L_i表示i城市的铁路里程和公路里程之和；S_i表示i城市的土地面积。交通网络联系强度则通过引力模型，可以进一步测算出一地区与其他地区交通网络联系程度的强弱，具体可用公式表示为：

$$F_{ij} = K_{ij} \times \frac{\sqrt{P_i G_i} \times \sqrt{P_j G_j}}{D_{ij}^2} \tag{3-4}$$

式（3-4）中，F_{ij}表示i城市和j城市间的交通网络联系强度；P_i和P_j分别表示i城市和j城市的人口规模；G_i和G_j分别表示i城市和j城市的GDP；D_{ij}表示两城市间的公路里程和铁路里程之和；K_{ij}表示两城市间的交通引力系数，可表示为：$K_{ij} = \frac{1}{2}\left[\frac{Q_i + Q_j}{Q} + \frac{C_i + C_j}{C}\right]$，$Q_i$和$Q_j$表示i城市和j城市的公路客运量和铁路客运量之和；$C_i$和$C_j$表示i城市和j城市的公路货运量和铁路货运量之和。

鉴于统计数据的缺失和数据的可获得性，本书选取2014年京津冀地区的公路里程、铁路里程、人口规模、GDP、公路和铁路的客运量、货运量等相关数据作为基础数据，测算出京津冀地区的交通网络密度和交通网络联系度。从京津冀地区的交通网络密度结果来看，北京、天津、廊坊、石家庄四市的交通网络最为密集，也是京津冀地区雾霾污染最为严重地区；

京津冀地区形成了以北京市、天津市为核心和以石家庄市为核心的交通网络分布图，张家口市和承德市密集度最弱，交通网络密度值小于1，但也是京津冀地区空气质量相对较好地区。

通过交通引力模型测算出交通网络联系度，既能反映一城市与周围城市交通的可通达性，也能反映出与周围城市联系的紧密程度及对周围城市的辐射吸引能力。连接线的粗细代表了交通网络联系度的强弱，连接线越粗，说明一城市的交通网络联系度越强，交通引力也就越强。根据交通引力模型测算的结果可以看出，北京市与天津市之间，北京、天津、石家庄与廊坊、石家庄、邢台、唐山、沧州等市的交通网络联系度较强，说明北京市、天津市、石家庄市对周围城市的辐射吸引能力较强，京津冀“一轴三带”中一轴的空间布局较为明显，石家庄市、唐山市作为中心城市对周围地区具有较强的辐射带动作用。河北省内各市之间交通网络联系度较弱，秦皇岛市与邢台市、邯郸市之间，邯郸市与承德市之间交通网络联系度最弱，均小于1；总体来说，秦皇岛市与张家口市对其他城市的交通引力不足。

3.6 本章小结

京津冀地区产业结构不合理，第二产业比重过高，特别是重化工行业比重过高，且城镇化质量水平整体不高是造成京津冀地区雾霾污染在全国各省市排名前列的主要原因之一。从对京津冀地区雾霾污染、产业结构、城镇化水平的时空现状进行分析后发现，北京市和天津市在空气质量、产业结构和城镇化水平上均优于河北省，但三地地区内差异较大。从时间变化来看，京津冀地区整体雾霾污染有所缓解，每年供暖季相对较严重，在空间分布上，污染严重地区主要集中在保定、石家庄、邢台、邯郸等市。北京市产业结构已形成“三二一”格局，天津市与河北省为“二三一”格局，京津冀地区各产业呈较明显的梯度状，北京市、天津市资本密集和技术密集型行业优势明显，河北省主要集中在劳动密集型和资本密集型行业上，特别是污染行业占比较高，这也是导致京津冀地区雾霾污染严重的主要原因之一。京津冀地区产业结构趋同，产业结构相似系数较高，但总体呈下降趋势；在空间分布上，京津冀地区第二产业重心转移至唐山市、保定市，第三产业重心转移至京津廊等地，与雾霾污染空间分布大致相同。京津冀地区城镇化水平总体上不断上升，但在质量上仍有较大增长空间，特别是河北省，增长潜力巨大。

此外，本章还对京津冀城市群的联系强度进行了分析，发现整体上京津冀城市群在经济联系和交通联系强度有所增强，这有利于京津冀协同发展，但在京津冀内部还存在较大差异，需进一步发挥北京市和天津市的辐射带动作用，促进京津冀地区更深层次的协同发展。

第4章

京津冀雾霾污染与产业结构、城镇化水平空间效应的实证分析

我国正处于经济转型升级的关键时期，推进生态文明建设具有重大意义。京津冀城市群地理位置优越，拥有首都北京和环渤海经济中心天津市两个核心城市，在我国经济发展中占据重要战略地位。方创琳、刘士林等编著的《中国城市群发展报告》中对城市群综合指数水平进行测算，其中京津冀、长三角和珠三角三大城市群的城市群综合指数水平在中国九大城市群中位列前三。但京津冀城市群在发展中整体水平不高，且北京市、天津市两核对周边地区的辐射带动作用不明显，大城市病突显，环境承载力不强，区域各方面的协同能力有待进一步加强。由上一章分析可知，京津冀地区成为中国雾霾污染的重灾区，且产业结构不合理，第二产业比重过高，特别是重化工行业比重过高，城镇化呈粗放式发展，因此探讨京津冀雾霾污染、产业结构、城镇化三者之间的作用机理十分必要。

目前正处于京津冀协同发展的重要时期，雾霾污染、产业结构和城镇化水平均呈现出空间综合变化的基本特征，特别是雾霾污染因为天气等气象条件在空间上具有扩散的特征。根据 Tobler（1970）的地理学第一定律，“所有的事物都与其他事物相关联，但较近的事物比较远的事物更关联”。可见区域之间的相关性是研究中不可忽视的重要因素，但目前对京津冀雾霾污染、产业结构、城镇化水平之间关系的研究大多忽视区域之间的空间相关性以及空间异质性，因此本书从空间视角研究京津冀地区雾霾污染与产业结构、城镇化水平之间的空间效应。

4.1　空间计量模型及空间效应释义

Paelinck 和 Klaassen（1979）最早提出了空间经济学的概念，后经过 Anselin、Elhorst、LeSage 等学者的发展，形成了空间计量经济学的理论框架体系。随着空间计量经济学的广泛发展，很多国内学者也对其进行了研究阐述，王立平等（2007）、杨开忠等（2009）、孙久文等（2014）均对空间计量模型的基本形式包括空间滞后模型（Spatial Lag Regression model,

SLM）和空间误差模型（Spatial Error Model，SEM）及空间交互作用进行了相关研究；陈建先（2011）、姜磊等（2014）、周建等（2016）对空间计量经济模型的发展及进展进行了描述。具体来说，空间计量经济学主要研究空间相关性（spatial dependence）和空间异质性（spatial heterogeneity）。传统的计量经济模型在分析经济问题时经常忽略空间因素，从而使计量结果出现有偏估计。结合本书的研究，通过构建空间面板数据模型，来说明雾霾污染不仅依赖于本地区各种经济因素，还依赖于相邻地区的各种经济因素，以期更为准确全面的把握京津冀地区雾霾污染与各经济活动的时间和空间相关性。

4.1.1 空间计量模型

根据数据类型的不同，可把空间计量模型分为空间横截面模型和空间面板模型。Anselin（1988）将空间横截面模型分为空间滞后模型（SLM）、空间误差模型（SEM）和杜宾空间模型（Dubin Spatial Model，DSM）等。2000年之后，空间面板模型的研究开始逐渐增多，Elhorst（2003，2005）研究了空间随机效应模型和空间动态面板模型，LeSage和Pace（2009）构建了面板空间交互模型，即空间杜宾模型（Spatial Durbin Model，SDM）。从现有研究来看，空间面板模型主要有空间滞后模型（SLM）、空间误差模型（SEM）和空间杜宾模型（SDM）等。

（1）空间滞后模型（Spatial Lag Regression model，SLM）

空间滞后模型，也称为空间自回归模型（Spatial Autoregressive Model，SAR）。主要用于研究相邻经济单元的行为对整个系统内经济单元行为都有影响的情况。具体设定为：

$$Y = \rho WY + X\beta + \varepsilon$$
$$\varepsilon \sim N(0, \sigma^2 I) \tag{4-1}$$

（2）空间误差模型（Spatial Error Model，SEM）

空间误差模型（Spatial Error Model，SEM）用来说明地区间空间效应是通过误差项中的空间相关来体现，反映的是空间个体之间的相互作用因所处的相对位置不同而存在差异。具体设定为：

$$Y = X\beta + \varepsilon$$
$$\varepsilon = \rho W\varepsilon + v \tag{4-2}$$

（3）空间杜宾模型（Spatial Durbin Model，SDM）

空间杜宾模型（Spatial Durbin Model，SDM）既包括自变量滞后项，又包括因变量滞后项。具体设定为：

$$Y = \rho WY + X\beta + WX\theta + \varepsilon \tag{4-3}$$

公式（4-1）、公式（4-2）、公式（4-3）中，Y为被解释变量；X为n*k的解释变量向量；β为对应的系数向量；W是n*n阶的反映空间关系的对称权重矩阵；ρ为空间误差自回归系数；WY为空间滞后变量；ε为扰动项，独立同分布。

4.1.2 空间效应及释义

空间计量经济学一个非常重要的方面就是考察变量间的空间交互作用（Beherens和Thisse，2007）①，变量变动不仅对本地区本身有影响（直接效应），还会潜在地影响其他地区（间接效应）。Anselin（1988）提出空间偏微分方法对总效应进行分解，用来描述这种空间交互作用，LeSage和Pace（2009）认为偏微分方法能够避免有效解释变量之间的空间依赖关系。但在现有文献中，对空间经济学中的直接、间接效应理论认识不足（张可云，2016）。因此，通过偏微分矩阵识别各变量的直接、间接效应和总效应以此来分析各变量之间的相互影响程度显得十分必要。接下来将以上节的空间杜宾模型（SDM）为例对各效应进行推导说明。

公式（4-3）可变换为：

$$(I_n - \rho W)Y = X\beta + WX\theta + \varepsilon \tag{4-4}$$

$$x_r = (x_{1r}x_{2r}\cdots x_{nr})^T \quad (n*1 \text{ 列向量})$$

---

① Behrens，K. and J. F. Thisse，Regional economics：A new economic geography perspective [J]. Regional Science and Urban Economics，2007，37（04）：457-465.

$$X\beta = (x_1 \cdots x_K)(\beta_1 \cdots \beta_K)^T = \sum_{r=1}^{K} \beta_r x_r \tag{4-5}$$

将公式（4－5）代入公式（4－4），

$$Y = \sum_{r=1}^{K} \beta_r (I_n - \rho W)^{-1} x_r + (I_n - \rho W)^{-1} \varepsilon \equiv \sum_{r=1}^{K} S_r(W) x_r + (I_n - \rho W)^{-1} \varepsilon \tag{4-6}$$

$$S_r(W) \equiv \beta_r (I_n - \rho W)^{-1}$$

其中，I_n表示 n 阶单位矩阵；$S_r(W)$为依赖于β_r和 W 的 $n \times n$ 矩阵，将方程（4－6）展开，

$$\begin{pmatrix} y_1 \\ y_2 \\ \vdots \\ y_n \end{pmatrix} = \begin{pmatrix} S_r(W)_{11} & S_r(W)_{12} & \cdots & S_r(W)_{1n} \\ S_r(W)_{21} & S_r(W)_{22} & & S_r(W)_{2n} \\ \vdots & & \ddots & \vdots \\ S_r(W)_{n1} & S_r(W)_{n2} & \cdots & S_r(W)_{nn} \end{pmatrix} \begin{pmatrix} x_{1r} \\ x_{2r} \\ \vdots \\ x_{nr} \end{pmatrix} + (I_n - \rho W)^{-1} \varepsilon \tag{4-7}$$

式（4－7）中，$S_r(W)_{ij}$为$S_r(W)$的（i，j）元素。根据式（4－7）可得：

$$\frac{\partial y_i}{\partial x_{jr}} = S_r(W)_{ij} \qquad \frac{\partial y_i}{\partial x_{ir}} = S_r(W)_{ii}(i = j) \tag{4-8}$$

矩阵$S_r(W)_{ii}$主对角线元素之和即为区域 i 的变量对本区域被解释变量y_i的“直接效应”，$\sum_{j=1}^{n} S_r(W)_{ij}$ 为矩阵$S_r(W)_{ii}$第 i 行元素之和，表示区域 i 的变量对本区域被解释变量y_i的“总效应”，矩阵$S_r(W)_{ii}$非主对角线元素的和即为区域 i 的变量对本区域被解释变量y_i的“间接效应”。结合本书的研究，为了更好地分析京津冀地区雾霾污染、产业结构和城镇化水平之间的空间交互作用，有必要对各效应进行分解。

4.2 京津冀雾霾污染的空间相关性检验

4.2.1 京津冀地区 PM2.5 数据来源

由于河北省各地级市 PM2.5 历史数据缺失，从 2013 年底开始各地级市才有 PM2.5 数据的记录，因此本书借鉴 Donkelaar 等（2010）、马丽梅和张晓（2014）、邵帅等（2016）相关文献，采用哥伦比亚大学社会经济数据和应用中心（CIESIN）公布的利用卫星对气溶胶光学厚度（AOD）进行监测的 2000—2012 年 PM2.5 全球年均值的遥感地图①，利用 ENVI 软件去噪音得到滤波后的栅格数据图，再利用 ARCGIS10.2 软件提取栅格数据图中的京津冀地区的 PM2.5 数据，得到了京津冀地区 13 个省市的雾霾污染的准确数据，然后利用 GeoDa、Stata 等软件进行空间相关性检验。

4.2.2 空间权重矩阵的选择

目前，对于空间权重矩阵的选择主要有以下几类形式：

（1）空间地理权重

一是传统的空间地理权重，其形式如下：

$$W=\begin{pmatrix} w_{11} & w_{12} & \cdots & w_{1n} \\ w_{21} & w_{22} & \cdots & w_{2n} \\ \vdots & & & \vdots \\ w_{n1} & w_{n2} & \cdots & w_{nn} \end{pmatrix} \tag{4-9}$$

---

① 该遥感地图仅公布到 2012 年，之后的地图数据缺失，为了保证研究数据的完整性和及时性，在本章 4.4.3 节对该数据进行了补充。

本书采取车相邻的方式设定京津冀地区 13 个市的二进制邻接权重矩阵，来获取反映京津冀地区各城市之间的空间关系的空间权重矩阵，当

$$w_{ij}=\begin{cases}1 & \text{地区 i 与地区 j 相邻}\\0 & \text{地区 i 与地区 j 不相邻}\end{cases} \tag{4-10}$$

二是阈值相邻。这种空间权重矩阵的设定方法为以某地区中心点为中心，一定距离为半径画圆，落在该圆内的其他地区权重矩阵元素赋值为 1，落在圆外即为 0，阈值距离计算使用欧几里得距离公式计算；

三是 k 个最近邻居。此种空间权重矩阵的设定方法为将与自己距离最近的 k 个单元作为邻居，在权重矩阵中对应元素赋值为 1，反之，赋值为 0。

（2）地理距离

即使用两个城市直线距离的倒数作为空间权重矩阵（Elhorst 和 Vega，2015），设定方法表达式为：

$$W=\frac{1}{d_{ij}} \tag{4-11}$$

公式（4-11）中，d_{ij}表示地区 i 到地区 j 的直线距离，本书使用欧式距离进行计算。

（3）经济权重

为了增强分析结果的稳健性，本书还将实际人均 GDP 作为经济因素引入空间分析，此种空间权重矩阵的设定方法为：

$$W=\frac{1}{|\overline{Y}_i-\overline{Y}_j|}\ (i\neq j) \tag{4-12}$$

公式（4-12）中，$\overline{Y}_i$为 i 地区的实际人均 GDP 的平均值；$\overline{Y}_j$为 j 地区的实际人均 GDP 的平均值。

（4）地理—经济权重

此种空间权重矩阵的设定方法是将地理因素和经济因素结合在一起（林光平等，2005），即为（4-1）的空间权重与（4-3）的经济权重相乘得到经济距离的空间权重矩阵。除此之外，还有同时包含地理与经济距

离的嵌套权重矩阵。这种空间权重矩阵借鉴 Case 等（1993）、张征宇和朱平芳（2010）、邵帅等（2016）的做法，将空间权重矩阵设定为：

$$W = (1 - \varphi) W_g + \varphi W_e \tag{4-13}$$

式（4-13）中φ在（0，1）之间，φ接近0表明权重矩阵更多表现为地理相邻意义，φ接近1表明权重矩阵更多表现为与经济意义相关。

本书选取空间地理权重、地理距离权重和经济地理①三种权重进行分析。

4.2.3 莫兰指数分析

本书使用全局 Moran's I 和局部 Moran's I 来检验京津冀地区雾霾污染的空间相关性。

（1）全局 Moran's I

计算公式表示为：

$$I = \frac{\sum_{i=1}^{n}\sum_{j=1}^{n} W_{ij}(X_i - \bar{X})(X_j - \bar{X})}{S^2 \sum_{i=1}^{n}\sum_{j=1}^{n} W_{ij}} \tag{4-14}$$

式（4-14）中，I 表示全局 Moran's I；S^2表示样本方差；W_{ij}表示空间权重矩阵；X_i和X_j分别表示 i 地区和 j 地区的雾霾污染程度；n 表示样本数量；I 的取值范围为［-1，1］，当$I>0$时，表示存在空间正相关；当$I<0$时，表示存在空间负相关；当$I=0$，表示不存在空间自相关，I 值越小表示空间差异小越大。根据 GeoDa 软件和 stata 软件生成的权重矩阵报告来看，经济权重矩阵的结果非常不显著，说明在单纯经济发展差异上，京津冀地区的雾霾污染并不具有一定的空间相关性；而其他权重矩阵，京津冀地区雾霾污染都具有很强的空间相关性，在1%的置信水平上 P 值非常显著（见表4-1），均小于0.01，z 值均大于2.58。本书中的模型即采取这

---

① 基于研究需要，本书仅选取三种权重进行报告。

三种权重矩阵。从表 4 - 1 的计算结果来看，三种权重下的 Moran's I 均小于 1 且大于 0，P 值非常显著，说明京津冀各地区的雾霾污染存在着空间正自相关；尤其是加入经济因素后，京津冀地区的 PM2.5 浓度值的显著性要优于空间地理权重和空间距离权重。

表 4 - 1　　三种权重下京津冀地区 PM2.5 浓度值的 Moran's I

权重 / 年份	W_1			W_2			W_3		
	Moran's I	z	p	Moran's I	z	p	Moran's I	z	p
2000	0.606	3.749	0.001	0.538	2.609	0.005	0.721	3.579	0.000
2001	0.650	3.733	0.001	0.584	2.795	0.003	0.755	3.719	0.000
2002	0.638	3.899	0.001	0.556	2.701	0.003	0.745	3.708	0.000
2003	0.619	3.478	0.001	0.557	2.722	0.003	0.728	3.660	0.000
2004	0.614	3.791	0.001	0.522	2.575	0.005	0.739	3.715	0.000
2005	0.616	3.765	0.001	0.532	2.614	0.004	0.737	3.696	0.000
2006	0.521	3.130	0.003	0.573	2.706	0.003	0.593	2.957	0.002
2007	0.612	3.639	0.001	0.556	2.720	0.003	0.719	3.620	0.000
2008	0.614	3.740	0.001	0.559	2.732	0.003	0.723	3.641	0.000
2009	0.538	3.628	0.002	0.480	2.434	0.007	0.689	3.537	0.000
2010	0.449	2.664	0.009	0.511	2.463	0.007	0.511	2.615	0.004
2011	0.581	3.740	0.001	0.512	2.564	0.005	0.716	3.653	0.000
2012	0.630	3.803	0.001	0.556	2.741	0.003	0.745	3.765	0.000

从莫兰指数散点图来看（见图 4 - 1），横轴表示全局 Moran's I，纵轴表示其空间滞后项，以横轴和纵轴的零值为中心，分为四个笛卡尔象限，京津冀地区大部分都集中在第一象限或第三象限，表明这些地区的雾霾污染都高于或者低于均值，与其相邻地区雾霾污染也相应高于或低于均值，即表现为高—高或者低—低的正相关；仅有一个地区位于第四象限，表明这个地区雾霾污染高于均值，而与其相邻地区雾霾污染低于均值，说明京津冀地区雾霾污染的正空间相关性特征非常稳定。

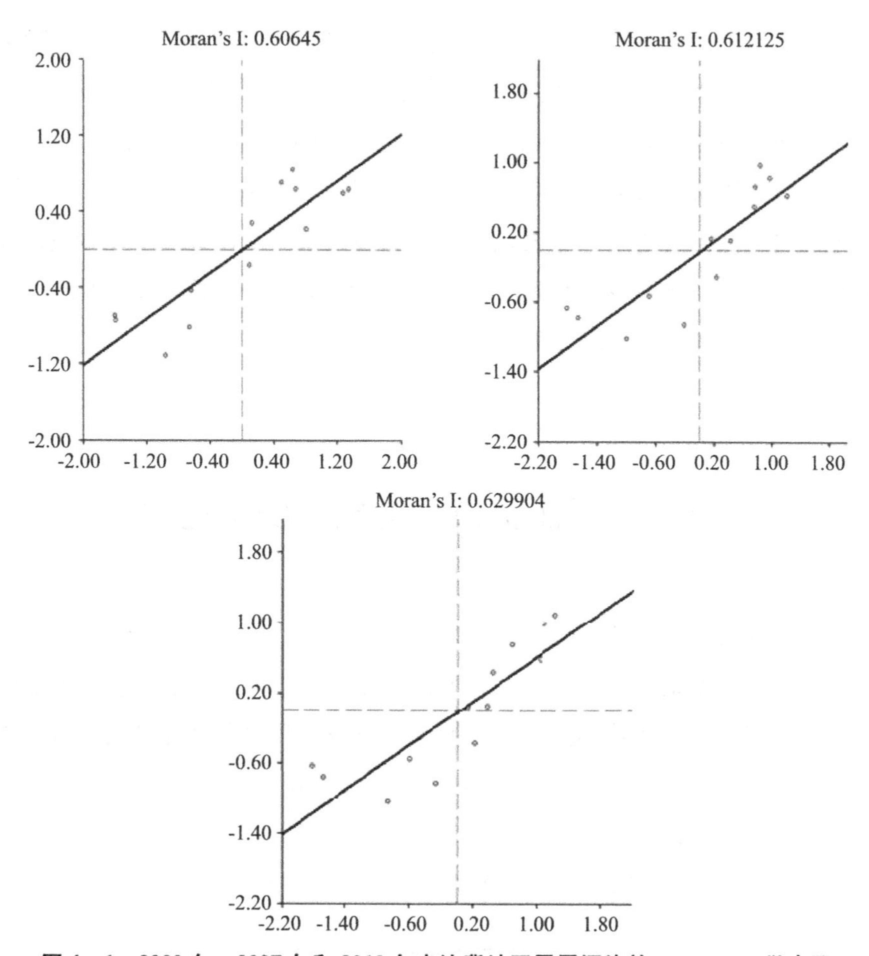

图4-1　2000年、2007年和2012年京津冀地区雾霾污染的Moran's I散点图

(2) 局部Moran's I

计算公式表示为:

$$I = \frac{(X_i - \bar{X})}{S^2} \sum_{j=1}^{n} W_{ij}(X_j - \bar{X}) \qquad (4-15)$$

式(4-15)中各指标含义与式(4-4)相同。全局Moran's I反映的是空间变量的整个空间集聚的情况,局部Moran's I反映的是某一个地区与其附近地区的空间集聚情况,全局Moran's I有可能会忽略局部地区的非典型特征(Anselin, 1995),局部Moran's I则可以弥补这一缺陷,很好地描述局部地区的空间自相关性。当局部Moran's I为正时,表明该地区的高值或低值被周围地区的高值或低值所包围。可以使用 Geoda 软件绘制 2000 年、2007 年、2012 年京津冀地区雾霾污染的局部集聚 Lisa 图。邢台、衡水、沧州等地区为雾霾高污染地区，其周围地区也为高污染地区，即表现为高—高型集聚，张家口、承德、秦皇岛等地区为雾霾低污染地区，其周围地区也为低污染地区，即表现为低—低型集聚。从动态演变趋势来看，邢台市一直为高—高型集聚地区，出现频率比较高，张家口市、承德市则为低—低型集聚地区，出现频率较高。

4.3 空间面板模型构建与变量选取

对于区域经济增长、产业结构等问题的研究，越来越多的学者选择使用空间计量模型来进行分析，本书选取北京市、天津市和河北省 11 个地级市共 13 个省市的空间面板数据对京津冀地区雾霾污染与产业结构、城镇化水平的空间相关性进行研究。使用（Robust）LM 检验对比空间滞后模型和空间误差模型，来判定使用何种模型合适（LeSage 和 Pace，2009）。

经检验发现，结果如表 4 -2 所示，三种权重矩阵下的 LM 检验均显

表 4 -2　三种权重矩阵下空间面板模型的 LM 检验

	W_1			W_2			W_3		
	普通面板	空间固定	时空固定	普通面板	空间固定	时空固定	普通面板	空间固定	时空固定
LM - lag	22.8342	28.3996	13.4992	11.0623	19.7089	8.7311	26.6697	19.8153	13.6708
	(0.0000)	(0.0000)	(0.0002)	(0.0009)	(0.0000)	(0.0031)	(0.0000)	(0.0000)	(0.0002)
R - LM - lag	83.8512	453.3810	0.0535	22.2084	324.9770	1.0858	11.7858	321.9184	0.0926
	(0.0000)	(0.0000)	(0.8171)	(0.0000)	(0.0000)	(0.2974)	(0.0006)	(0.0000)	(0.7609)
LM - error	15.3948	6.6021	13.6381	7.5533	4.1213	9.2842	23.2337	5.2188	13.8899
	(0.0001)	(0.0102)	(0.0002)	(0.0060)	(0.0423)	(0.0023)	(0.0000)	(0.0223)	(0.0002)
R - LM - error	76.4118	431.5834	0.1923	18.6994	309.3895	1.6389	8.3497	307.3219	0.3116
	(0.0000)	(0.0000)	(0.6610)	(0.0000)	(0.0000)	(0.2005)	(0.0039)	(0.0000)	(0.5767)
Hausman	0.0000			0.0003			0.0000		

注：括号内为 p 值。

著，稳健的LM检验空间滞后模型比空间误差模型显著，因此空间滞后模型要优于空间误差模型，空间滞后模型设定如下：

$$Y_{it} = \alpha_{it} + \rho WY_{it} + X_{it}\beta_{it} + \mu_{it} \tag{4-16}$$

为了得到比较稳健的估计结果，本书选择更广泛意义的空间杜宾模型（SDM），空间杜宾模型要优于空间滞后面板模型和空间误差面板模型（LeSage和Pace，2009）。模型设定如下：

$$PM_{it} = \alpha_{it} + \rho WPM_{it} + str_{ij}\beta_{it} + (str_{ij})^2\xi_{it} + Wstr_{it}\theta_{it} + \mu_{it} \tag{4-17}$$

$$PM_{it} = \alpha_{it} + \rho WPM_{it} + str_{it}\beta_{it} + (str_{it})^2\xi_{it} + urb_{it}\gamma_{it} + Wstr_{it}\theta_{it} + W(str_{it})^2\psi_{it} + Wurb_{it}\eta_{it} + \mu_{it} \tag{4-18}$$

$$PM_{it} = \alpha_{it} + \rho WPM_{it} + str_{it}\beta_{it} + (str_{it})^2\xi_{it} + urb_{it}\gamma_{it} + X_{it}\varphi_{it} + Wstr_{it}\theta_{it} + W(str_{it})^2\psi_{it} + Wurb_{it}\eta_{it} + WX_{it}\varphi_{it} + \mu_{it} \tag{4-19}$$

公式（4-17）、公式（4-18）、公式（4-19）各式中，i代表京津冀地区各省市；t代表各时期；PM_{it}代表PM2.5的浓度值；str_{it}代表产业结构的一次项；$(str_{it})^2$代表产业结构的二次项；urb代表城镇化水平；X_{it}代表各控制变量，实际人均GDP、外商直接投资额、对外贸易依存度和人口密度，在模型估计中对实际人均GDP和外商直接投资额取对数；W代表空间权重，α为常数项，β、ξ、γ、ϕ代表各参数，ρ为空间自回归系数，θ、ψ、φ、η代表各变量空间滞后系数，μ为服从正态分布的扰动项。空间面板数据使用软件MATLAB2012b进行估计，参考LeSage、Elhost等的程序包完成。

变量选取方面，在参考相关文献的基础上，本书主要选取产业结构、城镇化水平作为核心变量，实际人均GDP、外商直接投资额、对外贸易依存度、人口密度等作为控制变量。

（1）产业结构

雾霾污染与产业结构密切相关，产业结构对雾霾污染的程度有直接影响。京津冀地区重工业比重偏高，主导产业主要集中在煤炭开采、石油化工、黑色金属等“三高”产业上，产生了大量的烟粉尘、含氮有机颗粒物等，这是造成京津冀地区雾霾污染严重的主要原因之一，而河北省尤为突出。本书选取京津冀各市的第二产业的区位商值来衡量该地区的产业结构，区位商的公式表达为$LQ_{ij}=(q_{ij}/q_j)/(q_i/q)$，其中，$LQ_{ij}$就是j地区的i产业在全国的区位商；$q_{ij}$为j地区的i产业产值；$q_j$为j地区所有产业的产值；$q_i$在全国范围内i产业的产值；q为全国所有产业的产值，本书i产业选择第二产业。区位商值能更好地反映第二产业在京津冀地区的主导优势。数据主要来源于《中国区域经济统计年鉴》《中国城市统计年鉴》《中国统计年鉴》。

（2）城镇化水平

京津冀地区特别是河北省正处于城镇化由粗放型向内涵式转型的关键时期。城镇化水平的快速上升在一定程度上造成了环境压力，城市生产、生活产生的"三废"等排放物增加，雾霾污染加重。本书借鉴冷艳丽等（2015）、段博川等（2016）相关文献，认为城镇化水平与环境污染之间存在显著正相关关系。由于数据所限，本书参考中国国际城市化发展战略研究委员会编制的一系列《中国城市化率调查报告》中关于城镇化率的计算方法，选取各城市非农人口占该地区人口总数比重来衡量京津冀地区的城镇化水平。数据主要来源于《全国分县市人口统计资料》。

（3）实际人均GDP

环境库茨涅茨曲线表明，经济增长会使环境污染呈现出先恶化后改善的"倒U形"曲线形状，Krugman等（1995）也论证了人均收入与环境质量的关系。本书借鉴相关文献并剔除价格因素影响，使用实际人均GDP来衡量京津冀地区的经济增长，该指标以本地区的国民生产总值指数计算GDP平减指数，再根据此指数来计算实际人均GDP。数据主要来源于《中国城市统计年鉴》和《中国统计年鉴》。

（4）其他变量

为了使统计结果更加稳健，本书还选取了外商直接投资、对外贸易依存度、人口密度等作为控制变量。冷艳丽等（2015）认为外商直接投资与雾霾污染呈现出正相关关系。童玉芬等（2014）认为人口规模与雾霾污染之间存在着双向关系；秦蒙等（2016）认为人口规模的扩大会提高PM2.5浓度。本书选取京津冀地区13个省市的外商直接投资额数据，使用固定资产价格指数进行了平减，得到了实际的外商直接投资额，并选取京津冀地区的人口密度来表示人口规模。外商直接投资、对外贸易依存度、人口密度等变量数据均来自《中国城市统计年鉴》《中国区域经济统计年鉴》《新河北60年》等。

下面考察各变量之间的相关系数。表4-3中PM2.5，str，str^2，urb，gdp，fdi，dft，den变量分别表示PM2.5浓度值、产业结构一次项、产业结构二次项、城镇化水平、实际人均GDP、外商直接投资额、对外贸易依存度、人口密度，根据表4-3所示，产业结构的一次项和二次项、人口密度与PM2.5浓度值均显著正相关，说明随着第二产业比重的提高势必会提高PM2.5浓度值，事实并非如此，随着产业结构的调整优化，势必会降低PM2.5浓度值。外商直接投资额与PM2.5浓度值正相关，意味着外商直接投资的增加会提高PM2.5浓度值。城镇化水平、实际人均GDP、对外贸易依存度与PM2.5浓度值显著负相关，说明经济增长、对外开放度的增加并不一定使得PM2.5浓度值增加。

表4-3　　各变量相关系数表

	PM2.5	str	str^2	urb	gdp	fdi	dft	den
PM2.5	1							
str	0.394***	1						
str^2	0.407***	0.992***	1					
urb	-0.160**	-0.496***	-0.432***	1				
gdp	-0.0150	-0.280***	-0.204***	0.859***	1			
fdi	0.0860	-0.215***	-0.150*	0.830***	0.829***	1		
dft	-0.145*	-0.546***	-0.483***	0.910***	0.789***	0.746***	1	
den	0.575***	0.0950	0.147*	0.468***	0.571***	0.677***	0.493***	1

注：***、**、*分别表示1%、5%、10%的显著水平。

4.4 空间效应的实证分析结果

4.4.1 模型估计结果分析

根据上述空间面板数据模型进行实证估计，衡量雾霾污染程度的PM2.5值作为被解释变量，京津冀地区的产业结构和城镇化水平作为解释变量，人均GDP、外商直接投资额、对外贸易依存度、人口密度作为控制变量。对三种空间权重下的空间杜宾模型进行Hausman检验后，发现P值均小于原假设条件0.025，因此选取固定效应模型要优于随机效应模型。下面我们分别考虑空间溢出效应的混合模型和固定模型。

（1）变量为产业结构和城镇化水平的混合模型和固定模型

根据表4-4所示，混合模型和固定效应模型的空间滞后系数ρ估计值均显著为正，即京津冀地区的雾霾污染存在着明显的空间溢出效应。混合模型中的变量系数均显著，说明产业结构和城镇化水平对雾霾污染存在较强影响，产业结构一次项系数为正，产业结构二次项系数为负，当加入城镇化水平后，固定效应模型中的城镇化水平和产业结构的空间滞后系数均显著。

表4-4 核心变量的空间杜宾模型估计结果

变量	混合模型		固定效应	
	Model（1）	Model（2）	Model（1）	Model（2）
C	1.773**	1.955*		
	(2.399)	(1.858)		
str	-3.287**	-1.253	1.743	1.431
	(-2.133)	(-0.832)	(1.553)	(1.273)
str2	2.131***	0.799	-0.750	-0.584
	(2.775)	(1.038)	(-1.302)	(-1.011)
urb		2.336***		1.272*
		(4.921)		(1.821)

续表

变量	混合模型		固定效应	
	Model (1)	Model (2)	Model (1)	Model (2)
W · str	2.291 (1.193)	-0.316 (-0.146)	6.073** (2.095)	6.531** (2.243)
W · str2	-1.359 (-1.379)	0.229 (0.208)	-2.836* (-1.933)	-3.074** (-2.079)
W · urb		-2.438*** (-4.736)		-0.377 (-0.221)
Rho	0.602*** (10.112) (0.000)	0.644*** (11.759) (0.000)	-0.314*** (-3.127) (0.002)	-0.301*** (-2.997) (0.003)
R^2	0.578	0.640	0.869	0.872
Corr^2	0.171	0.210	0.013	0.036
sigma^2	0.104	0.088	0.032	0.032
logL	-58.976	-47.509	48.534	50.320

注：***、**、*分别表示1%、5%、10%的显著水平；括号内分别为T统计量和P值。

(2) 加入控制变量后含有空间溢出的混合模型和固定模型

根据表4-5所示，加入各控制变量后，各权重矩阵下的空间滞后系数依然很显著，T统计值分别为3.901和4.073，说明京津冀地区雾霾污染的空间溢出效应显著为正，空间集聚特征较明显。相邻权重下的空间溢出效应要明显于距离权重，各权重矩阵的固定效应模型中产业结构的一次项系数估计值为正，二次项系数估计值为负，说明京津冀地区产业结构与雾霾污染呈现出“倒U形”曲线性质。这主要是因为京津冀地区产业结构不合理，重工业比重偏大，尤其是唐山、邢台、邯郸等市产业结构以钢铁、煤炭为主，因此京津冀产业结构仍位于“倒U形”曲线的拐点之前，第二产业区位商值每提高1%，京津冀地区PM2.5浓度值提高约2%（见表4-5），雾霾污染加重；但随着产业结构的优化升级，京津冀PM2.5的浓度值会出现下降趋势，从而使得雾霾污染得到缓解。城镇化水平和人口密度对该地区雾霾污染影响显著，但在固定效应模型中，各权重矩阵下的城镇化水平与京津冀地区雾霾污染呈现出负相关关系，说明城镇化水平的提高并不是京津冀地区雾霾污染严重的原因之一；人口密度对雾霾污染的影响为正，人口集聚导致城市绿地减少，建筑密集，交通拥堵，能源消耗增多，城市空气流通不畅，从而使得PM2.5浓度值上升；实际人均GDP和对外贸易依存度的系数估计值均为正，说明人均GDP和对外贸易依存度的提高会加重雾霾污染，外商直接投资额的系数估计值为负，说明外商直接投资额的增加有利于缓解京津冀地区的雾霾污染。

表4－5　　空间滞后面板数据计量模型估计结果

权重	W_1		W_2		W_3	
变量	混合模型	固定效应	混合模型	固定效应	混合模型	固定效应
C	4.812***		5.111***		4.422***	
	(3.741)		(3.874)		(3.462)	
str	-2.213	2.010	-2.273	2.046	-1.783	2.073
	(-1.587)	(1.509)	(-1.589)	(1.530)	(-1.304)	(1.539)
str2	1.215*	-1.122	1.236*	-1.147*	0.979	-1.166*
	(1.727)	(-1.643)	(1.711)	(-1.673)	(1.418)	(-1.689)
urb	0.529	-1.654***	0.373	-1.721***	0.340	-1.738***
	(1.111)	(-3.109)	(0.761)	(-3.223)	(0.729)	(-3.246)
gdp	-0.183	0.177	-0.168	0.189*	-0.155	0.183*
	(-1.622)	(1.606)	(-1.446)	(1.702)	(-1.393)	(1.643)
fdi	-0.029	-0.043	-0.033	-0.043	-0.030	-0.045
	(-0.914)	(-1.358)	(-1.011)	(-1.341)	(-0.949)	(-1.399)
dft	-0.428***	0.088	-0.453***	0.079	-0.377***	0.086
	(-2.989)	(0.596)	(-3.067)	(0.530)	(-2.671)	(0.575)
den	0.001***	0.001***	0.002***	0.001***	0.001***	0.002***
	(6.532)	(7.003)	(7.575)	(7.663)	(6.673)	(7.525)
Rho	0.332***	0.311***	0.235***	0.287***	0.330***	0.271***
	(4.18)	(3.901)	(3.198)	(4.073)	(4.438)	(3.552)
R^2	0.648	0.766	0.627	0.764	0.659	0.760
corr^2	0.587	0.722	0.590	0.720	0.587	0.717
sigma^2	0.086	0.062	0.091	0.063	0.084	0.064
logL	-35.72	-0.958	-39.374	-1.818	-33.552	-2.816

注：括号内数值为系数的T统计值，***、**、*分别表示在1%、5%、10%的显著水平上显著。

（3）空间杜宾模型含有自变量的空间滞后项

根据表4-6所示，对各个权重下的空间杜宾面板模型进行估计后发现，参数ρ依然很显著，说明空间溢出效应明显，各市的雾霾污染不仅与本地区相关，也受其相邻地区和距离相近地区雾霾污染状况影响。在混合模型下，雾霾污染的空间滞后系数估计值显著为正，说明京津冀地区的雾霾污染具有一定的时间连续性，上一期高PM2.5值当期也必出现高PM2.5值，由此可见，京津冀地区雾霾治理也需要一定的持续性。在考虑时空因素后的固定效应模型下，雾霾污染的空间滞后系数估计值显著为负，即上一期的高雾霾污染反而使得当期雾霾污染下降；这有可能是由于上一期邻接或相近地区的高雾霾污染，促使本地政府加强警示，采取各种严格措施治理雾霾污染，从而使本地雾霾污染得到缓解，即京津冀地区雾霾污染具有一定的“警示效应”（邵帅等，2015）。各个权重的固定效应模型中产业结构依然呈现出“倒U形”曲线性质，其滞后项系数估计值显著为负。城镇化水平、实际人均GDP、外商直接投资额和人口密度使得京津冀地区雾霾污染加重，对外开放程度对京津冀地区的雾霾污染的影响则相反。而在空间状态下考察产业结构、城镇化水平对雾霾污染的影响程度时不仅可以考察各自变量自身对其所在地区的雾霾污染的程度，同时也可考察对其相邻地区雾霾污染的影响，我们把这种自变量自身对当地雾霾污染的影响程度称为直接效应，对其相邻地区雾霾污染的影响程度称之为间接效应，而相邻地区雾霾污染反馈回来会影响到当地雾霾污染状况，即反馈效应。

表4-6　空间杜宾面板模型估计结果

权重	W_1		W_2		W_3	
变量	混合模型	固定效应	混合模型	固定效应	混合模型	固定效应
C	-2.548 (-1.293)		-0.148		0.520 (0.321)	
str	1.118 (0.774)	1.815 (1.504)	0.974 (0.695)	1.165 (1.014)	0.297 (0.167)	0.618 (0.485)
str2	-0.441 (-0.585)	-0.786 (-1.251)	-0.421 (-0.577)	-0.548 (-0.904)	-0.017 (-0.019)	-0.324 (-0.500)

续表

权重	W₁		W₂		W₃	
变量	混合模型	固定效应	混合模型	固定效应	混合模型	固定效应
urb	1.174** (2.256)	0.995 (1.434)	1.045** (2.134)	1.392** (2.068)	2.023*** (3.255)	0.998 (1.405)
gdp	0.307 (1.348)	0.040 (0.203)	0.242 (1.172)	0.010 (0.054)	0.390 (1.288)	-0.217 (-0.925)
fdi	-0.044 (-1.599)	0.003 (0.125)	-0.032 (-1.185)	0.010 (0.357)	-0.041 (-1.391)	0.017 (0.665)
dft	-0.089 (-0.426)	-0.102 (-0.558)	-0.406* (-1.840)	-0.134 (-0.734)	-0.365* (-1.689)	-0.027 (-0.157)
den	0.001* (1.816)	0.000 (0.067)	0.001** (2.469)	0.000 (-0.768)	0.001* (1.816)	-0.001 (-1.156)
W·str	4.434* (1.861)	9.169*** (2.989)	1.701 (0.920)	2.382 (1.143)	1.926 (0.804)	5.065** (2.044)
W·str2	-2.461** (-2.019)	-4.644*** (-2.931)	-0.916 (-0.951)	-1.422 (-1.269)	-1.171 (-0.994)	-2.306* (-1.913)
W·urb	-4.267*** (-5.729)	-0.236 (-0.137)	-3.096*** (-6.011)	1.122 (1.213)	-3.721*** (-4.348)	-1.106 (-0.707)
W·gdp	0.240 (0.960)	0.861* (1.718)	0.106 (0.491)	0.375 (1.245)	-0.137 (-0.437)	1.155** (2.499)
W·fdi	-0.143*** (-2.985)	-0.077 (-1.349)	-0.131*** (-3.278)	-0.007 (-0.169)	-0.083* (-1.740)	0.014 (0.278)
W·dft	0.777*** (2.770)	0.385 (0.932)	0.825*** (3.074)	1.171*** (3.417)	0.603** (2.301)	0.820** (2.519)
W·den	0.001* (1.657)	0.002** (2.001)	0.000 (0.879)	-0.002 (-1.588)	0.000 (0.682)	0.003*** (3.271)
Rho	0.187** (2.211)	-0.261*** (-2.613)	0.243*** (3.336)	-0.220*** (-2.746)	0.276*** (3.646)	-0.172** (-2.060)
R^2	0.759	0.877	0.759	0.882	0.730	0.884
corr^2	0.757	0.110	0.742	0.162	0.708	0.195
sigma^2	0.059	0.030	0.059	0.029	0.066	0.028
logL	-1.630	54.697	-2.598	57.736	-12.814	60.204

注：括号内数值为系数的T统计值，***、**、*分别表示在1%、5%、10%的显著水平上显著。

4.4.2　模型的各种效应分析

由于雾霾污染存在空间溢出性，京津冀地区产业结构、城镇化水平等变量的变动除了影响该地区的PM2.5浓度值，同时也间接影响其邻接或相近地区的PM2.5浓度值，从而产生正向或负向的空间外部性，除此之外，还有其邻接或相近地区的PM2.5浓度值对本地区的反馈效应。根据表4-7所示，在空间权重下各变量直接效应均不显著，加入经济因素后，各变量总效应基本显著。

表4-7　　各解释变量的空间效应估计

权重	W1	W2	W3	W1	W2	W3
变量	直接效应			间接效应		
str	1.156 (0.948)	1.005 (0.832)	0.266 (0.195)	7.569** (2.883)	1.891 (0.983)	4.592* (1.913)
str2	-0.450 (-0.712)	-0.441 (-0.686)	-0.171 (-0.247)	-3.869** (-2.832)	-1.163 (-1.133)	-2.071 (-1.752)
urb	1.042 (1.528)	1.309* (1.836)	1.087 (1.442)	-0.392 (-0.275)	0.722 (0.869)	-1.102 (-0.756)
gdp	-0.034 (-0.165)	-0.018 (-0.088)	-0.283 (-1.114)	0.761 (1.734)	0.339 (1.227)	1.089** (2.421)
fdi	0.008 (0.301)	0.009 (0.324)	0.018 (0.660)	-0.068 (-1.431)	-0.008 (-0.220)	0.009 (0.196)
dft	-0.126 (-0.664)	-0.234 (-1.203)	-0.065 (-0.364)	0.357 (0.999)	1.067*** (3.417)	0.756** (2.508)
den	0.000 (-0.272)	0.000 (-0.550)	-0.001 (-1.485)	0.002* (1.943)	-0.001 (-1.465)	0.003*** (3.283)

续表

权重	W1	W2	W3		W1	W2	W3
	总效应						
str	8.725 ** (2.998)	2.896 (1.408)	4.858 ** (2.467)	fdi	-0.060 (-1.086)	0.001 (0.012)	0.026 (0.513)
str2	-4.319 ** (-2.897)	-1.604 (-1.454)	-2.243 ** (-2.218)	dft	0.232 (0.601)	0.834 ** (2.771)	0.691 ** (2.187)
urb	0.650 (0.435)	2.031 * (2.108)	-0.015 (-0.012)	den	0.002 (1.723)	-0.002 (-1.627)	0.002 ** (2.871)
gdp	0.728 (1.608)	0.321 (1.051)	0.806 ** (2.445)				

注：括号内数值为系数的T统计值，***、**、* 分别表示在1%、5%、10%的显著水平上显著。

下文将分别对各变量的空间效应进行分析。

（1）产业结构对雾霾污染的效应分析

空间权重矩阵和经济地理权重矩阵设定下，产业结构对雾霾污染的直接效应均为正，且具有显著的正向和负向的间接效应；经济地理权重矩阵下，产业结构的间接效应和总效应均显著，第二产业区位商值每提高1%，对雾霾污染产生的直接作用为1.1%左右，间接效应分别为7.569、1.891（见表4-7），这意味着产业结构不仅使本地区雾霾污染加重，还会使邻接或距离相近地区雾霾污染加重。雾霾污染呈现出高污染地区与高污染地区集聚，低污染地区与低污染地区集聚，即呈现出"高—高"型集聚和"低—低"型集聚的特征：高污染地区主要集聚在石家庄、唐山、邢台、邯郸、保定、廊坊等地区——"高—高"型集聚，低污染主要集聚在张家口、承德、秦皇岛等地区——"低—低"型集聚。经济地理权重下，产业结构对雾霾污染仍然具有正效应。这种溢出效应决定了京津冀地区雾霾治理必须进行区域联防联控、三省联动，单凭一省或一市之力无法彻底根治雾霾污染。从表4-7还可以看出产业结构优化升级后，第二产业区位商值每提高1%，雾霾污染将会下降0.44%左右，使得雾霾污染得到缓解，间接效应分别为-3.869、-1.163，说明随着产业结构的优化，资源的集约，新技术的投入，产业增长由粗放改为集约增长时，对其邻接地区和距离相近地区雾霾污染改善显著，溢出效应较明显。总效应上，产业结构一次项的作用为正，二次项的作用为负，说明在京津冀各市产业结构对本市的直接影响、与邻接市相互影响及邻接各市间接影响的效应下，重工业比例偏高，高污染行业集聚的产业结构对该地区雾霾污染总体具有显著正影响，以高新技术产业为主、低污染低排放为主的合理的产业结构对该地区雾霾污染总体具有显著负影响。在地理距离权重设定下，产业结构对雾霾污染具有相似的总体正效应和负效应。

（2）城镇化水平对雾霾污染的效应分析

由表4－7可知，在三种空间权重矩阵设定下，城镇化水平的直接效应均为正，说明各种资源、要素向北京、天津、石家庄等大城市聚集的过程中，城市人口生产、生活消耗增加，煤炭等能源消耗增大，会加剧本地区的雾霾污染。要素向这些大城市集聚过程削弱了其邻接城市的吸纳效应，从而使得其地理位置上邻接、经济有落差的地区的各种资源、要素向大城市集中，邻接及落差较小的地区的雾霾污染就会减轻，因此邻接空间权重和经济地理权重设定下间接效应为负；在距离空间权重矩阵设定下，间接效应为正，原因可能在于距离相近的城市之间交往密切，人口、要素等流动频繁，从而使得距离相近城市的雾霾污染加重，如京津廊地区。这种对其邻接地区雾霾污染的辐射影响再传回本地区，又会对本地区雾霾污染产生影响，两种情况的交互效应产生了反馈效应；由表4－7数据可知，在邻接空间权重和经济地理空间权重矩阵设定下，京津冀地区城镇化水平对雾霾污染的直接效应分别为1.042和1.087，系数估计值分别为0.995和0.998，说明反馈效应分别为0.047和0.089，这种反馈效应进一步强化了京津冀地区城镇化水平对雾霾污染的正效应。在总效应上，在绿化面积减少、汽车尾气排放增多等各种因素的影响下，粗放型增长的城镇化水平会加重京津冀地区的雾霾污染，尤其是距离空间权重下，对雾霾污染具有显著正效应。加入经济因素后，随着经济的增长，对城市建设、生态环境改善投入等方面的增加，城镇化水平质量提高，在总效应上城镇化水平是有利于减少雾霾污染的。可见，京津冀地区的城镇化水平对雾霾污染的效应有正有负，即城镇化水平既能加重雾霾污染也能抑制雾霾污染，特别是河北省城镇化水平速度和质量整体不高，对雾霾污染的加重作用将会持续一段时间。考虑到时间、空间、经济多维因素后，城镇化水平对雾霾污染具有明显的负的外部性。

（3）实际人均 GDP 的效应分析

三种空间权重矩阵设定下京津冀实际人均 GDP 的直接效应为负，说明实际人均 GDP 越高越有充足的资金投入治理本地区的雾霾污染，间接效应为正，说明实际人均 GDP 每增长 1%，邻接市和距离近的市的雾霾污染分别加重 0.761、1.227，原因可能是因为河北省部分市承接了北京、天津两市的部分产业，其中不乏一些高耗能高污染的企业，例如首钢等重工业企业的搬迁。经济地理权重下，实际人均 GDP 的间接效应显著为正，反馈效应为 -0.066，意味着本地区实际人均 GDP 对雾霾污染的影响传递到周边的邻近地区，且把对邻近地区雾霾污染的变化影响传回本地区的效应为负。

（4）外商直接投资额的效应分析

在三种空间权重矩阵设定下，外商直接投资额的直接效应均为正，说明京津冀地区的外商直接投资额的增加会促进本地区雾霾污染加重，与“污染避难所假说”（Copeland 和 Taylor，1994）结论一致。地理空间权重矩阵设定下，外商直接投资额的间接效应为负，意味着本地区外商直接投资额的增加有利于减少邻接或者距离相近地区的雾霾污染。考虑经济因素后，间接效应为正，说明京津冀地区的外商直接投资额不仅对本地区的雾霾污染的促进作用增强，也加重了邻接地区的雾霾污染，可能的解释是各级政府为了政绩盲目追求 FDI 规模而忽视了“绿色”要求（邵帅等，2015），从而加重了京津冀各市本身及其邻接地区的雾霾污染。从总效应上来看，外商直接投资额对京津冀地区的雾霾污染具有加重作用，冷艳丽等（2015）也认为我国外商直接投资与雾霾污染呈现出正相关关系。但从表 4 -7 的估计结果来看，京津冀地区的外商直接投资额对雾霾污染的影响并不显著。

（5）对外贸易依存度和人口密度的效应分析

根据表 4 -7，可以看出三种空间权重矩阵设定下对外贸易依存度的直接效应为负，间接效应显著为正，总效应为正且显著，说明对外贸易依存度的增加会使得京津冀各地区及邻接或相近地区雾霾污染加重。人口的集聚对雾霾污染势必产生正向外部性，人口密度对京津冀地区雾霾污染的影响效应显著，但作用有限。

4.4.3 模型的补充

本书中雾霾污染 PM2.5 浓度值的数据主要采用哥伦比亚大学社会经济数据和应用中心（CIESIN）公布的利用卫星对气溶胶光学厚度（AOD）进行监测的 PM2.5 全球年均值的遥感地图。该遥感地图仅公布到 2012 年，之后的地图数据缺失，而我国对于各地级市 PM2.5 浓度值的监测始于 2013 年年底。为了保证研究数据的完整性和及时性，本书采用灰色关联度 GM（1，1）模型，基于 PM2.5 浓度值的原始数据对 2013 年京津冀各省市 PM2.5 浓度值进行预测。继而使用中国空气质量在线监测分析平台[①]监测的各地市级 PM2.5 浓度值数据，将两种不同统计口径的 PM2.5 浓度值数据结合在一起。选择时间跨度为 2010—2015 年的短面板数据进行实证分析，以检验上文结论的准确性。

表 4-8 报告了以空间邻接权重矩阵为例的 2010—2015 年京津冀地区雾霾污染空间效应的实证分析结果。从表 4-8 来看，加入时间和空间维度后，京津冀地区的雾霾污染仍具有显著的空间溢出效应。从各变量系数估计值来看，显著性有所减弱，这很有可能是由于 PM2.5 浓度值的不同统计口径造成的，但在混合模型和时空双固定两种模型下，城镇化水平、外商直接投资、人口密度等变量依然显著，产业结构一次项、二次项、对外贸易依存度等变量的滞后项系数同样显著，与前文结论一致，说明京津冀地区雾霾污染具有空间集聚特征。表 4-8 同时显示在时空固定模型下京津冀地区雾霾污染的空间滞后系数 rho 估计值显著为负，意味着产业结构、城镇化水平对京津冀雾霾污染的连续性和“警示效应”依然存在，与前文结

① 中国空气质量在线监测分析平台 https：//www.aqistudy.cn/#。

论基本一致。

从各变量的效应来看，在混合模型和时空双固定模型下，城镇化水平、外商直接投资、人口密度等变量的直接效应均显著，产业结构的一次项、二次项的间接效应分别显著为正和负，说明产业结构、城镇化水平等依然会对京津冀各地区本身和相邻地区产生正向或负向的空间外部性。从总效应来看，特别是在考虑时间和空间因素时，在各变量直接和间接的综合作用下，产业结构、对外贸易依存度及人口密度总效应均显著。与前文结论相差不大。

表 4-8　2010—2015 年京津冀地区雾霾污染空间效应的实证分析结果

变量	混合模型	时空固定模型	变量	混合模型	时空固定模型
C	0.3118 (0.1144)		W · str	7.0012** (2.3434)	8.9723*** (2.8122)
str	1.1239 (0.5933)	2.4060 (1.4645)	W · str2	-2.9297* (-1.8086)	-3.6709** (-2.2182)
str2	-0.2151 (-0.2239)	-0.8691 (-1.0444)	W · urb	0.0150 (1.4874)	0.0110 (0.8714)
urb	-0.0111** (-2.3742)	-0.0132*** (-2.6612)	W · gdp	0.0210 (0.0657)	0.0229 (0.0518)
gdp	-0.2316 (-1.1616)	-0.1047 (-0.5866)	W · fdi	0.0889 (1.1927)	0.0567 (0.6199)
fdi	-0.1145*** (-3.3905)	-0.1256*** (-3.5654)	W · dft	-0.2971 (-0.7327)	1.1923* (1.9577)
dft	0.1247 (0.4249)	0.4455 (1.5964)	W · den	-0.0001 (-0.3186)	0.0006 (0.9754)
den	0.0019*** (8.6129)	0.0021*** (8.7433)	rho	0.0030 (0.0216)	-0.3680*** (-2.5932)
	直接效应			间接效应	
str	1.0277 (0.5679)	1.6365 (1.0193)	str	7.2654** (2.1633)	6.7953** (2.3875)
str2	-0.1696 (-0.1828)	-0.5536 (-0.6636)	str2	-3.0553 (-1.6963)	-2.8084* (-1.9447)

续表

变量	混合模型	时空固定模型	变量	混合模型	时空固定模型
urb	-0.0109** (-2.2357)	-0.0148*** (-3.1035)	urb	0.0148 (1.4936)	0.0127 (1.2720)
gdp	-0.2365 (-1.1349)	-0.1095 (-0.5968)	gdp	0.0254 (0.0769)	0.0654 (0.1827)
fdi	-0.1127*** (-3.2409)	-0.1357*** (-3.9689)	fdi	0.0879 (1.2333)	0.0817 (1.1240)
dft	0.1057 (0.3546)	0.3526 (1.2510)	dft	-0.2832 (-0.6760)	0.8729 (1.6932)
den	0.0019*** (8.1929)	0.0021*** (9.1850)	den	-0.0001 (-0.3709)	-0.0001 (-0.1518)
总效应					
str	8.2931** (2.3360)	8.4318** (2.9851)	fdi	-0.0248 (-0.3142)	-0.0539 (-0.6488)
str2	-3.2249 (-1.7181)	-3.3620** (-2.3608)	dft	-0.1775 (-0.4633)	1.2255** (2.4010)
urb	0.0039 (0.3436)	-0.0021 (-0.1803)	den	0.0018*** (5.2686)	0.0020*** (3.8288)
gdp	-0.2111 (-0.7313)	-0.0441 (-0.1197)			

注：括号内数值为系数的T统计值，***、**、* 分别表示在1%、5%、10%的显著水平上显著。

4.5 本章小结

本书在空间地理、地理距离和经济地理三种空间关联权重矩阵的空间相关性检验的基础上，研究京津冀地区的雾霾污染与产业结构、城镇化水平的空间效应发现以下结论：

（1）京津冀地区的雾霾污染具有很强的正的空间相关性。呈现出

“高—高”型集聚和“低—低”型集聚的分布特征，具有明显的空间集聚效应。

（2）京津冀地区13个省市的雾霾污染与产业结构呈“倒U形”曲线形状。第二产业比重偏高的不合理产业结构不仅使京津冀各省市自身的雾霾污染加重，还会使其邻接或距离相近地区雾霾污染加重，目前京津冀各省市产业结构对雾霾污染的贡献仍处在并将长时期处于“倒U形”曲线的左边。随着京津冀产业结构的优化升级，产业增值由粗放型向集约型转变，这总体上有利于改善京津冀地区的雾霾污染。由此验证了雾霾与产业结构之间的双向作用机制。

（3）城镇化水平对京津冀地区的雾霾污染具有促增和抑制两个相反方向的作用，进一步验证了两者之间的作用机制。伴随各种资源、要素向城市的集聚，京津冀地区的城镇化水平对雾霾污染总体上呈现出正效应，其反馈效应会对雾霾污染进一步产生促增作用；但随着城镇化质量的提高，城镇化水平对该地区的雾霾污染会产生负的外部性。

（4）实际人均GDP的提高有利于改善京津冀地区的雾霾污染，但产业转移会对邻接或相近地区的雾霾污染产生促增作用。外商直接投资额的增加不利于京津冀地区的雾霾污染的改善，进一步论证了“污染避难所”假说在京津冀地区的正确性。对外贸易依存度的提高和人口密度的增加同样会加重京津冀各省市的雾霾污染程度。

基于以上分析可以看出，京津冀雾霾污染具有很强的空间相关性，不合理的产业结构和城镇化质量水平不高是京津冀雾霾污染严重的原因之一，而雾霾污染反过来也会作用于产业结构和城镇化，体现了其相互间的双向作用机理。且产业结构、城镇化水平等因素不仅会对自身雾霾污染产生影响也会对周边地区产生影响，说明政府在统筹经济发展、在制定治霾政策时，决不能仅凭一省一地之力，必须要区域联动，加强区域间的合作，联合治污。

第5章

我国三大城市群雾霾污染与产业结构、城镇化的空间效应比较

从现代城市发展模式来看，城市群已成为全球城市发展的主流和趋势。2014 年中共中央、国务院发布的《国家新型城镇化规划（2014—2020 年）》中提出“明确城市群发展目标、空间结构和开发方向”，对资源环境、产业结构、新型城镇化的发展均进行了科学规划。2017 年党的十九大报告中也多次强调以城市群的发展带动中小城市的发展，加强城市群的辐射带动作用，对京津冀、长江经济带等城市群的区域协调发展给出了具体指导思路。且由上一章研究可知，雾霾污染、产业结构、城镇化之间存在双向影响机制。基于此，本书选取京津冀、长三角和珠三角三大城市群作为研究对象，比较三大城市群在雾霾污染、产业结构和城镇化空间效应方面的异同。

根据 2016 年 5 月国务院批准的《长江三角洲城市群发展规划》，长三角城市群范围包括上海市、江苏省 9 市、浙江省 8 市、安徽省 8 市共三省 26 市。长江三角洲国土面积约为 21.9 万平方千米，2016 年长江三角洲城市群 GDP 总值为 15.28 万亿元，常住人口为 1.6 亿人，分别约占全国的 2.28%、20.53% 和 11.57%①。2008 年年底，国务院发布《珠江三角洲地区改革发展规划纲要》，纲要中把广州、深圳、佛山、东莞、中山、珠海、江门、肇庆、惠州共 9 个城市划分为珠三角城市群，称为小珠三角，在此基础上，加上深汕特别合作区、香港特别行政区，澳门特别行政区形成大珠三角，本书选取小珠三角作为珠三角城市群的范围界定。珠三角城市群国土面积约为 5.48 万平方公里，2016 年珠三角城市群 GDP 总值为 6.78 万亿元，常住人口为 0.6 亿万人，分别约占全国的 0.57%、9.12% 和 4.34%②。

---

① 资料来源：2017 年《北京区域统计年鉴》。

② 资料来源：2017 年《北京区域统计年鉴》。

5.1 长三角和珠三角城市群雾霾污染的空间相关性检验

5.1.1 莫兰指数检验

由上一章对京津冀地区雾霾污染的空间相关性检验可知，京津冀各地区的雾霾污染存在着空间正自相关。本章依旧采用空间地理权重、地理距离权重和经济地理三种空间关联权重矩阵使用全局 Moran's I 和局部 Moran's I 来检验长三角和珠三角城市群雾霾污染的空间相关性分析。选取长三角城市群 26 个地级市和珠三角城市群 9 个地级市的 PM2.5 浓度值，数据来源与京津冀地区 PM2.5 浓度值数据来源相同。

根据 GeoDa1.8 软件和 stata14 软件生成空间地理权重、地理距离权重和经济地理三种权重矩阵设定下长三角和珠三角城市群 PM2.5 浓度值的 Moran's I，结果如表 5-1 所示。在三种空间权重矩阵设定下，长三角城市群各地级市 PM2.5 浓度值在 1% 的置信水平上 p 值非常显著，均小于 0.01，z 值均大于 2.58，表明长三角城市群的雾霾污染具有很强的空间相关性；长三角城市群各地级市 PM2.5 浓度值的 Moran's I 均小于 1 且大于 0，说明其存在着很强的空间正自相关，特别是在经济地理空间权重矩阵设定下，空间正自相关性最强。在三种空间关联权重矩阵设定下，珠三角城市群的雾霾污染空间相关性弱于京津冀和长三角城市群。在空间地理、地理距离和经济地理三种权重矩阵下，2000 年、2002—2005 年、2012 年珠三角城市群的 PM2.5 浓度值 Moran's I 的 p 值均大于 0.1，在 10% 的置信区间上均不显著，因此不存在空间相关性；在空间地理权重矩阵下，2001 年、2007 年珠三角雾霾污染 Moran's I 在 10% 的置信区间上显著，2008—2011 年在 5% 的置信区间上显著；在地理距离权重矩阵下，2001 年、

表5－1　长三角和珠三角城市群PM2.5浓度值的Moran's I

城市群	年份	W_1			W_2			W_3		
		Moran's I	z	p	Moran's I	z	p	Moran's I	z	p
长三角	2000	0.541	4.534	0.001	0.731	5.041	0.000	0.778	4.967	0.000
	2001	0.478	4.230	0.001	0.728	5.120	0.000	0.736	4.805	0.000
	2002	0.473	4.287	0.002	0.721	5.103	0.000	0.721	4.740	0.000
	2003	0.482	4.234	0.002	0.722	5.107	0.000	0.734	4.813	0.000
	2004	0.513	4.545	0.001	0.745	5.224	0.000	0.767	4.982	0.000
	2005	0.515	4.578	0.001	0.739	5.183	0.000	0.770	5.007	0.000
	2006	0.538	4.725	0.001	0.764	5.320	0.000	0.793	5.120	0.000
	2007	0.504	4.559	0.001	0.716	5.037	0.000	0.757	4.931	0.000
	2008	0.556	4.979	0.001	0.742	5.185	0.000	0.792	5.125	0.000
	2009	0.557	4.736	0.001	0.742	5.185	0.000	0.787	5.094	0.000
	2010	0.588	5.155	0.001	0.744	5.151	0.000	0.783	5.024	0.000
	2011	0.591	5.089	0.001	0.751	5.186	0.000	0.807	5.159	0.000
	2012	0.588	5.179	0.001	0.753	5.175	0.000	0.813	5.168	0.000
珠三角	2000	0.005	0.517	0.286	-0.008	0.501	0.308	0.008	0.516	0.303
	2001	0.286	1.720	0.063	0.298	1.763	0.039	0.220	1.310	0.095
	2002	0.070	0.827	0.208	0.039	0.711	0.238	-0.045	0.318	0.375
	2003	0.144	1.192	0.123	0.109	1.070	0.142	0.077	0.841	0.200
	2004	0.035	0.740	0.231	-0.048	0.351	0.363	0.000	0.520	0.302
	2005	0.123	1.136	0.147	0.132	1.120	0.131	0.070	0.776	0.219
	2006	0.193	1.306	0.113	0.193	1.384	0.083	0.149	1.086	0.139
	2007	0.239	1.522	0.082	0.257	1.667	0.048	0.201	1.299	0.097
	2008	0.325	1.952	0.043	0.344	2.068	0.019	0.285	1.650	0.049
	2009	0.331	1.967	0.039	0.356	2.108	0.018	0.294	1.674	0.047
	2010	0.372	2.219	0.029	0.390	2.295	0.011	0.341	1.893	0.029
	2011	0.291	1.866	0.049	0.315	1.998	0.023	0.268	1.630	0.052
	2012	0.101	1.079	0.160	0.105	1.051	0.147	0.076	0.840	0.200

2007—2011 年珠三角城市群雾霾污染 Moran's I 在 5% 的置信区间上具有显著性，2006 年在 10% 的置信区间上具有显著性；在经济地理权重矩阵下，2001 年、2007 年、2011 年珠三角城市群雾霾污染 Moran's I 在 10% 的置信区间上具有显著性，2008—2011 年珠三角城市群雾霾污染 Moran's I 在 5% 的置信区间上显著，表明加入经济因素后，珠三角城市群雾霾污染 Moran's I 显著性变化并不明显。由此可见，珠三角城市群雾霾污染在空间上也具有一定的空间相关性，且 Moran's I 的波动比较大。

从三大城市群雾霾污染 Moran's I 的变化趋势来看，如表 5 - 1 所示，仅考虑空间因素时，京津冀城市群雾霾污染的空间相关性高于长三角和珠三角城市群，当加入距离因素和经济因素后，长三角城市群雾霾污染的空间相关性高于其他两个城市群，珠三角城市群雾霾污染的 Moran's I 甚至在个别年份出现负值，说明呈负空间自相关。珠三角城市群雾霾污染的 Moran's I 呈波动性变化趋势，且在 2011 年后迅速下降。

5.1.2 莫兰散点图

从图 5 - 1 和图 5 - 2 长三角和珠三角城市群雾霾污染的 Moran's I 散点图来看，长三角城市群与京津冀城市群雾霾污染的空间分布类似，雾霾污染的空间正相关性非常稳定，四个笛卡尔象限中大部分地区雾霾污染都高于或低于均值，位于第一或第三象限，与其相邻地区的雾霾污染也高于或低于均值，即高雾霾污染地区与高雾霾污染地区相邻，低雾霾污染地区与低雾霾污染地区相邻。珠三角城市群雾霾污染的空间相关性明显弱于京津冀和长三角城市群，从 2001 年的雾霾污染的 Moran's I 散点图来看，空间正相关性较明显，大部分城市位于第一、第三象限，而 2012 年的雾霾污染的 Moran's I 散点图则显示珠三角城市群的雾霾污染呈不规则状态分布在四个不同象限，不存在显著的空间正相关性，Moran's I 为 0.101，空间差异性较大。

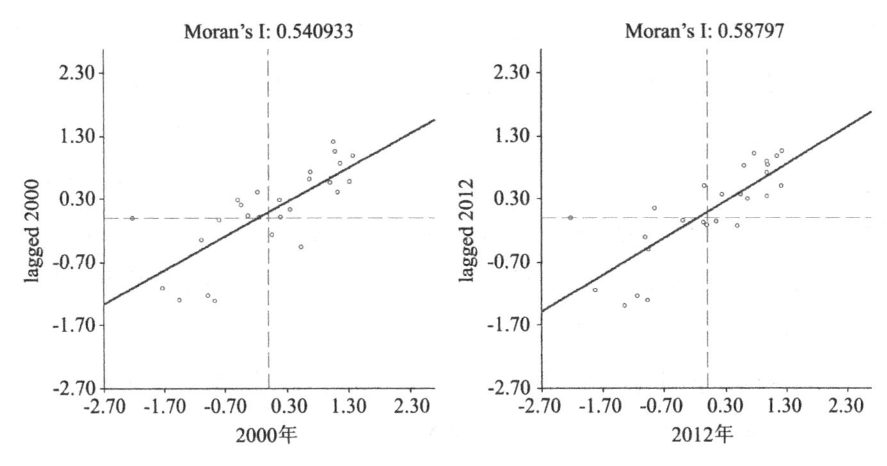

图5-1 2000年、2012年长三角城市群雾霾污染的Moran's I散点图

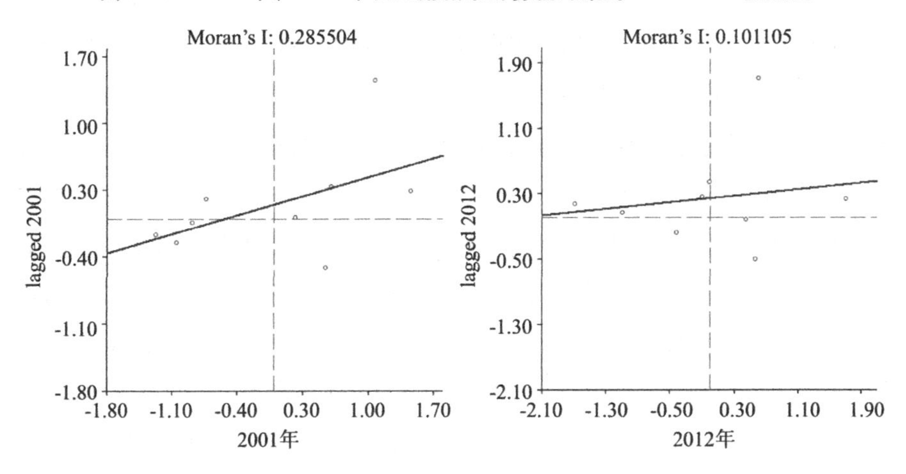

图5-2 2001年、2012年珠三角城市群雾霾污染的Moran's I散点图

5.2 长三角和珠三角城市群雾霾污染与产业结构、城镇化的空间效应

根据“地理学第一定律”可知事物之间在空间上具有一定的关联性。由上一节对长三角和珠三角城市群雾霾污染PM2.5浓度值的Moran's I检验结果也可知，长三角和珠三角城市群雾霾污染均具有空间自相关性，因此

使用空间计量模型具有一定合理性；本节在分析长三角和珠三角城市群各地级市雾霾污染的空间效应时，考虑到地区间的异质性特征，且在研究某个连续区域中邻近空间单元的时空数据时，固定效应模型比随机效应模型更有优势（Elhorst，2014），因此本节选择面板数据的空间杜宾（SDM）固定模型进行分析。为了进行对比分析，参考相关文献，选择产业结构、城镇化水平、实际人均 GDP、外商直接投资额、对外贸易依存度和人口密度等指标。具体模型设定如下：

$$PM_{it} = \alpha_{it} + \rho WPM_{it} + str_{it}\beta_{it} + (str_{it})^2\xi_{it} + urb_{it}\gamma_{it} + X_{it}\phi_{it} + Wstr_{it}\theta_{it} + W(str_{it})^2\psi_{it} + Wurb_{it}\eta_{it} + WX_{it}\varphi_{it} + \mu_{it} \quad (5-1)$$

式（5－1）中，i 表示长三角城市群 26 个地级市和珠三角 9 个地级市；PM_{it}表示 i 地区在 t 时期的 PM2.5 的浓度值；str_{ij}表示产业结构的一次项；$(str_{ij})^2$表示产业结构的二次项，数据主要来源于《中国城市统计年鉴》和《中国统计年鉴》；urb 表示城镇化水平，数据主要来源于《全国分县市人口统计资料》；X_{it}表示实际人均 GDP、外商直接投资额、对外贸易依存度和人口密度等控制变量，其中，由于部分地方年鉴中进出口总额数据的缺失，本节对外贸易依存度指标选取各地级市所在省份的对外贸易依存度作为替代变量，其他数据均来源于《中国城市统计年鉴》；W 代表空间权重；α为常数项；β、ξ、γ、ϕ 代表各参数；ρ为空间自回归系数；θ、ψ、φ、η代表各变量空间滞后系数；μ为服从正态分布的扰动项。本章使用 Matlab2012b 对空间杜宾面板模型进行实证估计。

参考 LeSage、Elhost 等的程序包，通过上述构建的空间杜宾模型（SDM）对长三角和珠三角城市群各地级市雾霾污染、产业结构、城镇化水平等变量进行实证估计。

5.2.1 长三角城市群内雾霾污染与产业结构、城镇化的空间效应

从表 5－2 来看，在空间邻接、地理距离、经济地理三种权重矩阵下空间滞后系数ρ的估计值均非常显著，说明长三角城市群的雾霾污染具有明显的正向空间溢出效应，空间集聚特征非常明显，且具有一定的持续性。

从各变量的估计系数来看，如表5－2所示，在空间邻接、地理距离和经济地理权重矩阵下，长三角城市群各地级市产业结构的一次项系数为负，产业结构的二次项系数为正，说明随着长三角城市群各地区第二产业比重的上升会导致该地区雾霾污染PM2.5浓度值呈先下降后上升趋势。城镇化水平的系数均为负，说明随着该地区城镇化水平的提升，尤其是城镇化质量水平的提升会有利于该地区PM2.5浓度值的下降。实际人均GDP与雾霾污染呈正相关关系，说明长三角城市群地区经济增长会加重该地区的雾霾污染。在空间邻接和地理距离空间关联权重矩阵下，外商直接投资额和对外贸易依存度与长三角城市群各地区雾霾污染呈正向关系，说明经济的对外开放在一定程度上会加重雾霾污染，但就这两个变量的系数值来看，该地区经济开放程度对雾霾污染的影响不大；在经济地理权重矩阵下，对外贸易依存度对该地区雾霾污染呈反向影响，说明进出口贸易的发展有利于缓解雾霾污染。三种空间权重矩阵设定下，人口密度系数值比较小，对该地区的雾霾污染产生影响的可能性就较小。各滞后项系数主要考察一地区相邻或者距离相近地区变量变化对于雾霾污染的影响。在三种权重矩阵下，长三角城市群各地级市相邻或者距离相近地区的产业结构、城镇化水平、外商直接投资、对外贸易依存度等的上升会加重本地区的雾霾污染，而随着产业结构的优化升级和经济的增长则会缓解本地区的雾霾污染。

从各变量的显著性来看，如表5－2所示，在空间邻接和经济地理权重矩阵下，仅有实际人均GDP对长三角城市群各地区雾霾污染具有显著影响，人均GDP每提高一个单位，该地区雾霾污染约加重0.6%；在地理距离权重矩阵下，该地区产业结构的二次项和城镇化水平在10%的置信水平上显著，实际人均GDP、产业结构的一次项及二次项的滞后系数均在1%的置信水平上显著，说明不仅本地区的产业结构和城镇化水平对雾霾污染有显著影响，其相邻地区的产业结构也会对本地区的雾霾污染产生显著影响，此结果与京津冀城市群雾霾污染空间杜宾模型估计结果一致，同样存在“警示效应”。由此可见，长三角城市群各地区的产业结构和城镇化水平同样会影响雾霾污染的程度。接下来考察长三角城市群各地级市雾霾污染的空间外部性和反馈效应。

在空间邻接、地理距离和经济地理权重矩阵下，产业结构二次项、实际人均 GDP、外商直接投资、对外贸易依存度等变量的直接效应为正，意味着这些变量的提高会使长三角城市群各地区雾霾污染直接作用增加；产业结构、城镇化水平等变量的直接效应为负，意味着初期阶段的产业结构和城镇化水平的提高会减少各地区雾霾污染的直接效应；在空间邻接和经济地理权重矩阵下产业结构、城镇化水平、外商直接投资、对外贸易依存度等变量的间接效应为正，说明长三角城市群各地级市这些变量的提高会使相邻地区或距离相近地区的雾霾污染加重；而产业结构的二次项、实际人均 GDP 及地理距离权重矩阵下的对外贸易依存度的间接效应均为负，说明这些变量的提升会缓解其相邻地区或距离相近地区的雾霾污染。在空间邻接和经济地理矩阵下，仅有实际人均 GDP 的直接效应显著为正；在地理距离权重矩阵下，城镇化水平的直接效应显著为负，实际人均 GDP 的直接效应显著为正，产业结构的一次项和二次项分别具有显著的正向和负向间接效应。由此可见，城镇化水平和产业结构对长三角城市群各地区本身及其距离相近地区的雾霾污染作用较显著。

从总效应来看，在直接效应和间接效应的综合作用下，长三角城市群地区各变量在三种空间关联权重矩阵下的总效应对雾霾污染的影响均不显著；从反馈效应来看，以地理距离权重矩阵为例，如表 5 -2 所示，产业结构一次项、二次项、城镇化水平的直接效应分别为 -0.4102、0.4517、-0.0144，系数估计值分别为 -0.7024、0.7030、-0.0162，则产业结构、城镇化水平的反馈效应为 0.2922、-0.2513、0.0018，意味着长三角城市群各地区产业结构和城镇化水平的上升对其距离相近地区雾霾污染的辐射影响再传回本地区，又会加重本地区雾霾污染，但随着产业结构的不断调整，反馈效应为负，则会缓解本地区雾霾污染。

表 5 -2　　长三角城市群雾霾污染空间杜宾面板模型估计结果

变量	W1	W2	W3	变量	W1	W2	W3
str	-0.6080	-0.7024	-0.6260	W · str	1.1197	2.1235 **	0.0328
	(-1.2846)	(-1.5282)	(-1.3066)		(1.1294)	(2.5549)	(0.0467)

续表

变量	W1	W2	W3	变量	W1	W2	W3
str2	0.6062	0.7030 *	0.6236	W · str2	-0.9816	-1.8576 **	-0.1068
	(1.4150)	(1.6868)	(1.4339)		(-1.1081)	(-2.5463)	(-0.1697)
urb	-0.0144	-0.0162 *	-0.0142	W · urb	0.0171	0.0206	0.0131
	(-1.3354)	(-1.6635)	(-0.9995)		(1.2740)	(1.4883)	(0.8275)
gdp	0.0598 ***	0.0580 ***	0.0591 ***	W · gdp	-0.0245	-0.0197	-0.0175
	(3.0611)	(3.0360)	(3.0103)		(-0.6255)	(-0.6097)	(-0.5329)
fdi	-0.0004	0.0039	0.0027	W · fdi	0.0149	0.0040	0.0110
	(-0.0747)	(0.7895)	(0.5210)		(1.4338)	(0.4507)	(1.2005)
dft	0.0171	0.0128	-0.0071	W · dft	0.0165	-0.0072	0.0680
	(0.4811)	(0.3576)	(-0.1912)		(0.3063)	(-0.1395)	(1.3803)
den	-4.00E-06	-4.00E-06	-2.00E-06	W · den	-3.00E-06	-1.20E-05	-1.20E-05
	(-0.5379)	(-0.6282)	(-0.2583)		(-0.2050)	(-1.0063)	(-1.2599)
Rho	0.3823 ***	0.4123 ***	0.2935 ***				
	(6.5787)	(7.7059)	(5.3952)				
直接效应				间接效应			
str	-0.4665	-0.4102	-0.6624		1.3791	2.8514 **	-0.2446
	(-0.8862)	(-0.8351)	(-1.3256)		(0.8775)	(2.1428)	(-0.2557)
str2	0.4866	0.4517	0.6471		-1.1592	-2.4487 **	0.1425
	(1.0283)	(1.0191)	(1.4414)		(-0.8232)	(-2.1058)	(0.1667)
urb	-0.0128	-0.0144	-0.0134		0.0176	0.0227	0.0121
	(-1.2870)	(-1.6068)	(-0.9859)		(1.1528)	(1.3085)	(0.7292)
gdp	0.0588 ***	0.0585 **	0.0599 ***		-0.0020	0.0084	-0.0008
	(2.7845)	(2.6859)	(2.8404)		(-0.0328)	(0.1555)	(-0.0180)
fdi	0.0014	0.0045	0.0039		0.0219	0.0095	0.0161
	(0.2693)	(0.8420)	(0.7240)		(1.4389)	(0.6978)	(1.3598)
dft	0.0191	0.0126	0.0010		0.0340	0.0005	0.0854
	(0.5590)	(0.3632)	(0.0272)		(0.4549)	(0.0070)	(1.4293)
den	-4.00E-06	-6.00E-06	-4.00E-06		-6.00E-06	-2.10E-05	-1.70E-05
	(-0.6085)	(-0.8683)	(-0.4919)		(-0.3268)	(-1.1886)	(-1.3580)
总效应							
str	0.9126	2.4411	-0.9070	fdi	0.0233	0.0140	0.0200
	(0.4788)	(1.5166)	(-0.7391)		(1.3486)	(0.8612)	(1.4690)
str2	-0.6726	-1.9970	0.7896	dft	0.0531	0.0131	0.0864
	(-0.3954)	(-1.4177)	(0.7269)		(0.6774)	(0.1762)	(1.3638)
urb	0.0048	0.0083	-0.0014	den	-1.10E-05	-2.70E-05	-2.10E-05
	(0.3896)	(0.5592)	(-0.1297)		(-0.4688)	(-1.3199)	(-1.3231)

续表

变量	W1	W2	W3	变量	W1	W2	W3
gdp	0.0569 (0.7704)	0.0669 (0.9780)	0.0591 (1.0433)				

注：括号内数值为系数的T统计值，***、**、*分别表示在1%、5%、10%的显著水平上显著。

5.2.2 珠三角城市群内雾霾污染与产业结构、城镇化的空间效应

从表5－3来看，在空间邻接、地理距离和经济地理三大空间关联权重矩阵下，在时间和空间两个维度上，珠三角城市群各地区雾霾污染在地理距离权重矩阵下空间滞后系数ρ的估计值在5%的置信水平上显著，说明该地区雾霾污染在地理距离权重矩阵下具有明显的正向空间溢出效应。

如表5－3所示，在地理距离权重矩阵设定下，产业结构的一次项、二次项对珠三角城市群各地区雾霾污染呈先上升后下降的“倒U形”的影响关系；城镇化水平的不断提高会缓解珠三角城市群各地区雾霾污染，但从P值来看，两者对珠三角城市群的这种影响并不显著，说明产业结构和城镇化水平并不是珠三角城市群雾霾污染的主要因素。外商直接投资对珠三角城市群雾霾污染的影响在10%的置信水平上显著为正，意味着外商直接投资每增加1%，珠三角城市群雾霾污染加重0.036%。人口密度对珠三角城市群雾霾污染的影响在5%的置信水平上显著为负，意味着珠三角城市群人口的集聚在一定程度上会缓解该地区的雾霾污染。实际人均GDP和对外贸易依存度对珠三角城市群雾霾污染影响均不显著。从各变量滞后项系数来看，珠三角城市群距离相近地区的产业结构、城镇化水平、实际人均GDP和对外贸易依存度对本地雾霾污染的影响不显著；城镇化水平、外商直接投资、人口密度等变量滞后项系数在1%的置信水平上显著，说明距离相近地区城镇化水平、外商直接投资、人口密度的提高会加重珠三角城市群各地区的雾霾污染程度。由此可见，外商直接投资、人口密度对珠三角城市群各地区及其距离相近地区的雾霾污染影响较显著，城镇化水平对其距离相近地区雾霾污染影响显著。

现根据各变量效应考察珠三角城市群各地区雾霾污染的空间外部性及反馈效应，如表5－3所示。在地理距离权重矩阵设定下，仅有外商直接投资对珠三角城市群雾霾污染的直接效应显著为正，外商直接投资每提高1%，其对珠三角城市群本地区雾霾污染的直接作用提升0.05%；城镇化水平的间接效应在5%的置信水平上显著为正，外商直接投资和人口密度的间接效应在1%的置信水平上显著为正，意味着珠三角城市群各地区城镇化水平和人口密度的提升会使得距离相近地区的雾霾污染加重，外商直接投资的增加不仅使本地区雾霾污染加重还会使其距离相近地区雾霾污染加重。从反馈效应来看，在地理权重矩阵设定下，珠三角城市群的产业结构反馈效应呈先下降后上升趋势，城镇化水平和外商直接投资的反馈效应为正，说明随着产业结构比重上升、城镇化水平和外商直接投资水平的上升，对距离相近地区雾霾污染的影响反馈回本地区之后又会加重本地区雾霾污染。

表5－3　珠三角城市群雾霾污染空间杜宾面板模型估计结果

变量	W1	W2	W3	变量	W1	W2	W3
str	−0.2584 (−0.2596)	−1.0632 (−1.0316)	−0.6674 (−0.6522)	W·str	−0.1374 (−0.0713)	2.9137 (1.0439)	4.4143** (2.0241)
str2	0.3643 (0.3945)	1.3128 (1.3585)	0.8525 (0.9008)	W·str2	0.3591*** (3.2523)	0.3828*** (3.2110)	0.2507** (2.1112)
urb	−0.0699 (−0.7688)	−0.0337 (−0.3544)	−0.0726 (−0.7657)	W·urb	0.3711*** (4.0228)	0.0626 (0.6823)	0.2542*** (3.0546)
gdp	0.0689** (1.9873)	−0.0136 (−0.3385)	0.0478 (1.4091)	W·gdp	0.1366*** (3.2984)	0.1818*** (3.7732)	0.0973*** (2.7838)
fdi	0.0331* (1.6603)	0.0360* (1.6967)	0.0414** (1.9648)	W·fdi	0.3169 (0.6150)	0.6771 (1.3031)	0.3882 (0.9699)
dft	0.2353 (0.8058)	0.3327 (1.0324)	0.2014 (0.6646)	W·dft	0.0001*** (4.9866)	0.0001*** (3.8618)	0.0001*** (3.7435)
den	−1.30E−05 (−1.2635)	−2.30E−05** (−2.2580)	−1.10E−05 (−1.0472)	W·den	−0.1374 (−0.0713)	2.9137 (1.0439)	4.4143** (2.0241)
Rho	0.0008 (0.0081)	0.1976** (2.0185)	0.1017 (1.0921)				

续表

变量		W1	W2	W3	变量	W1	W2	W3
str	直接效应	-0.2178	-1.3666	-0.8629	间接效应	-1.0711	-4.9279	-6.8712 **
		(-0.2229)	(-1.1894)	(-0.7977)		(-0.4961)	(-1.2903)	(-2.3895)
str2		0.3244	1.5397	0.9820		-0.2025	3.7834	4.8139 *
		(0.3553)	(1.4260)	(0.9853)		(-0.1021)	(1.0891)	(1.9591)
urb		-0.0674	-0.0055	-0.0666		0.3672 **	0.4560 **	0.2593 *
		(-0.7466)	(-0.0546)	(-0.6589)		(3.1817)	(2.9360)	(1.8336)
gdp		0.0701 *	-0.0081	0.0571		0.3806 ***	0.0722	0.2823 **
		(1.9916)	(-0.1824)	(1.5818)		(3.7107)	(0.6303)	(2.8622)
fdi		0.0314	0.0496 *	0.0455 *		0.1385 **	0.2259 ***	0.1100 **
		(1.6740)	(2.2533)	(2.1648)		(3.2372)	(3.6756)	(2.7966)
dft		0.2346	0.3780	0.2329		0.3230	0.8766	0.4518
		(0.8128)	(1.1240)	(0.7311)		(0.5985)	(1.3325)	(1.0295)
den		-1.30E-05	-1.80E-05	-9.00E-06		0.0001 ***	0.0001 ***	0.0001 ***
		(-1.3405)	(-1.6888)	(-0.8321)		(4.6637)	(3.4680)	(3.3612)
总效应								
str		-1.2889	-6.2945	-7.7341 *	fdi	0.1699 ***	0.2756 ***	0.1555 **
		(-0.4659)	(-1.3797)	(-2.1437)		(3.3890)	(3.7099)	(3.0582)
str2		0.1219	5.3231	5.7959 *	dft	0.5576	1.2547	0.6846
		(0.0471)	(1.2657)	(1.8369)		(0.8175)	(1.4013)	(1.0727)
urb		0.2998	0.4505 *	0.1927	den	0.0001 **	0.0001 *	0.0001 *
		(1.7272)	(1.9661)	(0.8937)		(3.1632)	(2.1616)	(2.0706)
gdp		0.4508 ***	0.0641	0.3395 **				
		(3.5866)	(0.4275)	(2.8268)				

注：括号内数值为系数的 T 统计值，***、**、* 分别表示在 1%、5%、10% 的显著水平上显著。

为了检验珠三角城市群雾霾污染在时间和空间双维度上的实证结果的稳健性，本书在三种权重矩阵下使用混合模型、地区固定模型对上文结论进行验证。由表 5-4 和表 5-5 可知，在混合模型和地区固定模型中，三种空间关联权重矩阵的空间溢出效应均显著，加入空间因素后，各系数显著性与上文时空双固定模型分析结论基本一致，说明实证结果比较稳健。

表5－4　　　　混合模型和地区固定模型的实证结果

变量	混合模型			地区效应模型		
	模型1（W1）	模型2（W2）	模型3（W3）	模型1（W1）	模型2（W2）	模型3（W3）
C	4.3659*** (2.6237)	7.6300*** (5.7875)	5.1904*** (3.8795)			
str	−2.604** (−2.0122)	−3.2845*** (−3.2588)	−1.2987 (−1.0919)	−0.3840 (−0.367)	−1.0481 (−1.0407)	−0.1658 (−0.1615)
str2	2.2348* (1.7944)	3.1735*** (3.2826)	1.1060 (0.9645)	0.7836 (0.8159)	1.3914 (1.4976)	0.5951 (0.6312)
urb	0.0581 (0.6407)	0.0910 (1.2564)	0.1152 (1.4918)	0.0278 (0.3475)	0.0348 (0.4323)	0.0638 (0.8355)
gdp	−0.0645 (−1.0895)	−0.0681 (−1.5356)	−0.0891* (−1.6728)	−0.0468 (−1.4920)	−0.0678** (−2.1657)	−0.0341 (−1.0941)
fdi	0.0696*** (3.0395)	0.0394** (2.3019)	0.0531*** (2.7607)	0.0039 (0.1857)	0.0183 (0.8793)	0.0105 (0.5031)
dft	0.405 (0.8082)	0.0665 (0.1959)	0.4887 (1.1977)	0.1106 (0.4390)	0.0097 (0.0433)	0.0776 (0.3457)
den	0.00005*** (3.2046)	0.00002** (2.0372)	0.00004*** (3.1865)	−0.00003*** (−2.8714)	−0.00003** (−2.7110)	−0.00003** (−2.4484)
W·str	−12.5454*** (−4.0513)	−21.7752*** (−7.9215)	−18.3788*** (−7.1895)	−2.3815 (−1.1102)	−4.5239 (−1.5127)	−3.8008 (−1.5522)
W·str2	10.6494*** (3.6395)	18.6638*** (7.1138)	15.2972*** (6.6580)	1.5752 (0.8206)	3.6841 (1.3670)	2.7476 (1.3201)
W·urb	0.6543*** (5.6902)	0.6657*** (7.1047)	0.7763*** (7.8813)	0.4013*** (4.7064)	0.4056*** (4.7024)	0.3538*** (4.1838)
W·gdp	0.2256** (2.2111)	0.0880 (1.2856)	0.2552*** (3.0702)	0.0422 (0.7582)	−0.0374 (−0.7672)	0.0375 (0.7660)
W·fdi	−0.1541*** (−4.1904)	−0.04260 (−1.3857)	−0.0708** (−2.3024)	0.1004*** (2.6239)	0.1467*** (3.5688)	0.0677** (2.1062)

续表

变量	混合模型			地区效应模型		
	模型1（W1）	模型2（W2）	模型3（W3）	模型1（W1）	模型2（W2）	模型3（W3）
W·dft	-0.3023 (-0.6003)	0.0301 (0.0884)	-0.3310 (-0.8084)	-0.0520 (-0.2033)	0.0226 (0.0987)	-0.0314 (-0.1368)
W·den	0.00001 (0.6982)	0.00004 *** (2.9243)	0.00004 ** (2.0422)	0.00005 *** (3.6021)	0.00006 *** (4.1567)	0.00004 *** (2.9334)
Rho	0.5730 *** (9.1659)	0.5750 *** (9.6497)	0.4590 *** (6.8536)	0.5930 *** (9.7157)	0.6020 *** (9.9711)	0.6270 *** (11.6034)
R^2	0.7654	0.8730	0.8078	0.9488	0.9518	0.9494
corr^2	0.5927	0.7818	0.7195	0.8294	0.8518	0.8078
sigma^2	0.0145	0.0078	0.0119	0.0034	0.0032	0.0034
logL	73.5459	110.2848	88.4513	161.7115	165.8448	160.7740

注：括号内数值为系数的T统计值，***、**、* 分别表示在1%、5%、10%的显著水平上显著。

表5-5　混合模型和地区固定模型的各效应分解

			str	str2	urb	gdp	fdi	dft	den
混合模型	W1	直接效应	-1.3393 (-0.8244)	1.5603 (1.0454)	0.1548 * (1.8650)	-0.0445 (-1.1292)	0.0358 (1.3528)	0.1161 (0.5095)	-2.10E-05 (-1.6521)
		间接效应	-6.1575 (-1.1311)	4.9026 (0.9950)	0.9017 *** (5.0475)	0.0272 (0.2114)	0.2262 ** (2.6273)	0.0283 (0.1086)	0.0001 * (2.1451)
		总效应	-7.4968 (-1.0903)	6.4629 (1.0325)	1.0565 *** (4.5778)	-0.0173 (-0.1096)	0.2620 ** (2.4778)	0.1443 (1.0077)	4.70E-05 (1.1488)
	W2	直接效应	-9.4834 *** (-5.2399)	8.5416 *** (5.0282)	0.2767 *** (3.6981)	-0.0542 (-0.9571)	0.0338 * (1.8813)	0.0711 (0.2283)	3.80E-05 ** (2.7440)
		间接效应	-50.4571 *** (-5.6744)	43.6887 *** (5.4057)	1.5133 *** (7.7182)	0.1079 (0.6448)	-0.0450 (-0.7211)	0.1665 (0.4997)	0.0001 *** (3.3408)
		总效应	-59.9405 *** (-5.7099)	52.2303 *** (5.4516)	1.7900 *** (7.5763)	0.0537 (0.2534)	-0.0111 (-0.1595)	0.2376 (1.3822)	0.0002 *** (3.3968)
	W3	直接效应	-5.2097 ** (-3.1278)	4.3737 ** (2.8334)	0.2832 *** (3.4545)	-0.0427 (-0.6926)	0.0429 * (2.1278)	0.4680 (1.2290)	0.0001 *** (3.4781)
		间接效应	-31.4431 *** (-5.5932)	26.2068 *** (5.2978)	1.3705 *** (7.9417)	0.3544 ** (2.4761)	-0.0786 (-1.5837)	-0.1758 (-0.4459)	0.0001 ** (2.8283)
		总效应	-36.6529 *** (-5.2647)	30.5805 *** (4.9550)	1.6537 *** (7.2162)	0.3117 (1.6955)	-0.0357 (-0.6188)	0.2922 * (1.9586)	0.0001 *** (3.3293)

续表

			str	str2	urb	gdp	fdi	dft	den
地区固定模型	W1	直接效应	-1.3393 (-0.8244)	1.5603 (1.0454)	0.1548* (1.8650)	-0.0445 (-1.1292)	0.0358 (1.3528)	0.1161 (0.5095)	-2.10E-05 (-1.6521)
		间接效应	-6.1575 (-1.1311)	4.9026 (0.9950)	0.9017*** (5.0475)	0.0272 (0.2114)	0.2262** (2.6273)	0.0283 (0.1086)	0.0001* (2.1451)
		总效应	-7.4968 (-1.0903)	6.4629 (1.0325)	1.0565*** (4.5778)	-0.0173 (-0.1096)	0.2620** (2.4778)	0.1443 (1.0077)	4.70E-05 (1.1488)
	W2	直接效应	-2.6028 (-1.5110)	2.7527 (1.7328)	0.1569 (1.7792)	-0.0901** (-2.3285)	0.0647** (2.4871)	0.0230 (0.1137)	-1.60E-05 (-1.3478)
		间接效应	-11.7372 (-1.4855)	10.2704 (1.4377)	0.9407*** (5.4868)	-0.1738 (-1.4629)	0.3577*** (3.8542)	0.0645 (0.2743)	0.0001** (2.7625)
		总效应	-14.3400 (-1.5248)	13.0231 (1.5262)	1.0976*** (4.7960)	-0.2639 (-1.7844)	0.4224*** (3.7849)	0.0875 (0.6201)	0.0001 (1.8132)
	W3	直接效应	-1.8290 (-0.9631)	1.9320 (1.1231)	0.2214 (2.4471)	-0.0266 (-0.6146)	0.0410 (1.3532)	0.0780 (0.4151)	0.0000 (-1.2047)
		间接效应	-9.1540 (-1.4178)	7.3639 (1.3167)	0.8892*** (4.6125)	0.0356 (0.2870)	0.1701* (2.0363)	0.0443 (0.1978)	4.80E-05 (1.3496)
		总效应	-10.9830 (-1.3407)	9.2959 (1.2963)	1.1106*** (4.2707)	0.0090 (0.0569)	0.2111* (1.9411)	0.1222 (0.7657)	0.0000 (0.6225)

注：括号内数值为系数的T统计值，***、**、*分别表示在1%、5%、10%的显著水平上显著。

从各模型效应来看，在混合模型的地理距离权重下，产业结构、城镇化水平对雾霾污染的各种效应均显著，说明在没有考虑时空因素时产业结构和城镇化水平会对珠三角城市群本身及其距离相近地区的雾霾污染产生显著作用。加入空间因素后，以地理距离矩阵为例，在地区固定模型中，外商直接投资的直接效应显著，城镇化水平、外商直接投资、人口密度的间接效应与总效应均显著，与上文结论基本一致，说明模型结论具有一定的稳健性。加入时间和空间因素后，珠三角城市群的产业结构与城镇化水平对雾霾污染的影响显著性下降，可能是由于珠三角城市群所在的特殊地理位置及气候条件，相较于京津冀和长三角城市群更有利于雾霾排放物的扩散。

5.2.3 京津冀、长三角、珠三角雾霾污染与产业结构、城镇化的空间效应对比分析

作为中国城市群发展水平的代表，京津冀、长三角和珠三角三大城市群在中国经济发展过程中具有举足轻重的作用，因此将京津冀与长三角、珠三角三大城市群的雾霾污染、产业结构、城镇化的空间效应置于统一研究框架下进行对比分析具有一定的合理性及可行性。

首先，将长三角和京津冀进行对比。可以看出，在地理距离权重矩阵下，长三角城市群的产业结构和城镇化水平对雾霾污染有显著影响，其相邻地区的产业结构也会对本地区的雾霾污染产生显著影响。此结果与京津冀城市群雾霾污染空间杜宾模型估计结果一致，同样存在“警示效应”。由此可见，长三角城市群各地区的产业结构和城镇化水平同样会影响雾霾污染的程度，但与京津冀城市群相比较而言，产业结构和城镇化水平对雾霾污染的影响程度要弱，可能的原因：一是京津冀城市群产业结构中第二产业比重较高，尤其是重工业比重较高，能源消耗量较大，且污染物排放的后续处理不及时，而长三角城市群产业结构较合理，第二产业多以轻工业和高端技术制造业为主，污染较少；二是北方冬季处于采暖期，且主要是以燃煤的方式供暖，由前文分析可知，京津冀城市群采暖期月份的PM2.5浓度值均高于其他月份，而长三角城市群冬季无采暖期。因此，京津冀城市群各地区能源消费结构和冬季采暖方式均亟待改革。

从直接效应来看，长三角城市群与京津冀城市群相比较而言，在三种空间关联权重矩阵下，产业结构和城镇化水平的直接效应均不显著；在空间邻接和经济地理权重矩阵下，京津冀城市群城镇化水平的间接效应显著，说明京津冀城市群各地区城镇化水平对于其相邻地区或距离相近地区雾霾污染的影响程度要明显强于长三角城市群各地区；从实际人均GDP的直接效应来看，长三角城市群各地区显著性水平强于京津冀城市群，说明京津冀城市群各地区经济增长对本地区雾霾污染的影响强度小于长三角城市群各地区，但从实际人均GDP的间接效应来看，特别是加入经济因素

后，京津冀城市群各地区对于相邻地区雾霾污染的影响程度显著强于长三角城市群各地区；在地理距离和经济地理权重矩阵设定下，观察到对外贸易依存度对于相邻或距离相近地区雾霾污染的影响程度，京津冀城市群各地区显著强于长三角城市群各地区；在三种空间关联权重矩阵下，人口密度对于相邻或距离相近地区雾霾污染的影响作用均显著强于长三角城市群各地区。

从总效应来看，在直接效应和间接效应的综合作用下，长三角城市群地区各变量在三种空间关联权重矩阵下的总效应对雾霾污染的影响均不显著。与京津冀城市群各地区相比较而言，在地理距离权重矩阵设定下，京津冀城市群各地区城镇化水平和对外贸易依存度的总效应对雾霾污染的影响显著为正；加入经济因素后，产业结构的一次项、二次项、实际人均GDP、对外贸易依存度、人口密度等变量的总效应均对雾霾污染具有显著影响。由此可见，产业结构、城镇化水平是造成京津冀城市群各地区雾霾污染严重的主要原因，但却不是长三角城市群各地区雾霾污染的主要成因，且经济增长、对外开放、人口集聚等因素对于雾霾污染的空间外部性均弱于京津冀城市群各地区。

从反馈效应来看，以地理距离权重矩阵为例，如表5-2所示，产业结构一次项、二次项、城镇化水平的直接效应分别为-0.4102、0.4517、-0.0144，系数估计值分别为-0.7024、0.7030、-0.0162，则产业结构、城镇化水平的反馈效应为0.2922、-0.2513、0.0018，意味着长三角城市群各地区产业结构和城镇化水平的上升对其距离相近地区雾霾污染的辐射影响再传回本地区，又会加重本地区雾霾污染，但随着产业结构的不断调整，反馈效应为负，则会缓解本地区雾霾污染。与京津冀城市群各地区相比较而言，产业结构的反馈效应作用方向相反，城镇化水平的反馈作用方向相同。

其次，将珠三角与京津冀进行对比。可以看出，在距离地理权重矩阵设定下，珠三角与京津冀相同，产业结构与雾霾污染呈“倒U形”关系；城镇化水平的提高有利于城市群内雾霾污染的缓解。但与京津冀不同，两者并不是珠三角城市群雾霾污染的主要因素，且珠三角城市群人口的集聚在一定程度上会缓解该地区的雾霾污染。外商直接投资额对珠三角的影响更为显著；人口密度对京津冀和珠三角影响均显著，但作用方向相反，人口的集聚对京津冀雾霾污染产生正向影响，使得京津冀雾霾污染加重，对珠三角雾霾污染产生负向影响。

在各效应上，与京津冀城市群不同，在地理距离权重矩阵设定下，外商直接投资、人口密度对珠三角城市群各地区及其距离相近地区的雾霾污染影响较显著，城镇化水平对其距离相近地区雾霾污染影响显著。在反馈效应上，珠三角与京津冀相比较而言，产业结构的反馈效应作用方向相同；京津冀城镇化水平、实际人均 GDP、外商直接投资额、对外贸易依存度的反馈效应均为负，珠三角则相反，均为正。意味着经济的发展和对外开放程度的提高对距离相近地区雾霾污染的影响反馈回本地区之后又会加重本地区雾霾污染。

最后，将三大城市群进行比较。从空间溢出效应系数来看，通过对比雾霾污染 PM2.5 浓度值的空间溢出效应系数发现，三大城市群中，珠三角城市群各地区雾霾污染的空间溢出效应明显弱于京津冀和长三角城市群各地区。出现这种现象可能的原因：一是珠三角城市群各地区雾霾污染整体空间性不明显。从前文的 Moran's I 检验结果也可发现，三种权重矩阵下，2000—2012 年珠三角城市群 PM2.5 浓度值的 Moran's I 整体偏低，2000—2006 年的 P 值除 2001 年以外基本不显著，大于 10% 的显著性水平，甚至在个别年份出现了负空间自相关，但 2007 年以后的 Moran's I 整体上显著；二是由于珠三角城市群所处的地理位置。珠三角城市群位于广东省中南部，珠江流域下游，地貌以丘陵为主，绿地面积广，河网密布，气候以南亚热带季风气候为主，降水量较多，且在秋冬季节该区域来自北方大陆的气团速度快于来自海洋的气团，这些自然地理条件均有利于雾霾污染的扩散；三是珠三角城市群经济增长的模式。珠三角城市群属外资推动型增长模式，国际化和外向型程度较高，且产业以信息产业为主，这在一定程度上降低了该地区雾霾污染。

在各空间效应方面，三大城市群相比较而言，京津冀城市群城镇化水平的直接效应更显著，长三角城市群的实际人均 GDP 的直接效应更显著，而珠三角城市群的外商直接投资的直接效应更显著；从间接效应来看，京津冀城市群大部分变量均显著，特别是加入经济因素后；长三角城市群产业结构的间接效应比较显著，珠三角城市群城镇化水平、外商直接投资和人口密度的间接效应明显显著；从其产生溢出效应（间接效应系数值）大小来看，京津冀城市群初期产业结构产生溢出效应最大，随着产业结构的调整，珠三角城市群产生溢出效应增大，且城镇化水平的溢出效应也大于其他两个城市群；京津冀城市群实际人均GDP和人口密度产生溢出效应最大；珠三角城市群外商直接投资与对外贸易依存度所产生溢出效应最大。由此可见，三大城市群各地区均具有一定程度的空间外部性。从总效应来看，在地理距离权重矩阵下，直接效应和间接效应综合作用后，珠三角城市群各地区的城镇化水平、外商直接投资、人口密度总效应显著为正。这意味着在对本地雾霾污染的直接作用及距离相近地区雾霾污染的间接作用下，这些变量的提升会使得珠三角城市群雾霾污染程度加重，具有正向空间外部性。三大城市群相比较而言，珠三角城市群雾霾污染的空间效应整体上弱于京津冀城市群，但显著于长三角城市群；城镇化是造成珠三角和京津冀城市群雾霾污染的主要因素，但与长三角城市群一致，产业结构仍不是造成珠三角城市群雾霾污染的主要因素。

在反馈效应上，三大城市群相比较而言，京津冀和珠三角城市群产业结构反馈效应方向相同，长三角城市群相反；三大城市群城镇化水平的反馈效应作用方向相同；珠三角城市群外商直接投资的反馈效应为正，与京津冀城市群不同，可能的一个主要原因就是珠三角属于外向型投资，外资所占份额较大。

对于三大城市群雾霾污染在空间效应方面的差异本书认为主要有以下几个主要原因：

一是三大城市群产业结构方面的差异。京津冀城市群第二产业多以重化工——资本密集型为主；长三角城市群制造业多以轻工业、高新技术产业为主，且服务业比重不断上升；珠三角城市群以出口为导向的劳动密集型产业为主；两个城市群高新技术产业均居全国前列，且京津冀城市群第三产业的比重与长三角、珠三角城市群差距较大。因此，京津冀城市群雾霾污染严重于其他两个城市群，且产业结构对雾霾污染产生的空间溢出效应显著强于其他两个城市群。

二是城镇化方式不同。长三角城市群以上海市为中心，城镇化水平和质量较高，呈“收缩式金字塔”结构发展，珠三角城市群城镇化以“农村城镇化”为主导，且位于开放最前沿，制度优势明显，城镇化水平最高，这两个城市群城乡差距均较小，而京津冀城市群城镇化率在三大城市群中最低，且农村、城镇差距较大，地区间非常不平衡，因此京津冀城市群的城镇化对其本身雾霾污染的空间效应最显著，而珠三角的城镇化对其距离相近地区雾霾污染的空间效应最显著。

三是集聚程度不同。三大城市群目前均已形成“中心—外围”的空间结构形式，且外围城市的集聚程度在不断提高；具体来看，京津冀以北京市为主导，集聚程度最高，这主要得益于北京的首都功能及一些政策因素，长三角城市群逐渐发展为上海、苏州、无锡等多中心的模式，集聚程度最低，珠三角的集聚程度介于两者之间且比较稳定。因此，三大城市群中京津冀经济增长及人口集聚对雾霾污染产生的空间溢出效应最大，其次为珠三角城市群。

四是经济开放程度不同。长三角城市群和珠三角城市群经济开放程度较高，特别是珠三角城市群，以出口拉动型为主导，且吸引了大量外资，而京津冀的外商直接投资主要投资于制造业，且以内需拉动为主，经济外向程度弱于长三角和珠三角城市群，因此外商直接投资和对外贸易依存度对雾霾污染的空间效应也弱于其他两个城市群。

五是自然条件的差异。京津冀城市群位于太行山、燕山等弧状山脉的“背风坡”，容易造成污染物在该地区的聚集，且近年来降水量不断减少，使得该地区的雾霾很难扩散出去。而长三角和珠三角城市群均属于亚热带季风气候，湿热多雨，绿化覆盖率高，这些均有利于本地雾霾污染的扩散。

5.3　本章小结

城市群已成为全球城市发展的主流和趋势，城市群之间发展的异同也备受关注。本章采用空间邻接、地理距离和经济地理三种空间关联权重矩阵，对长三角城市群26个地级市和珠三角城市群9个地级市雾霾污染空间相关性进行检验，使用空间计量方法，并进一步对模型进行了稳健性检验，在此基础上与上一章的京津冀城市群的空间效应进行了全方面对比，更加深入了解城市体系在空间效应上的不同，主要结论如下：

总体来看，三大城市群雾霾污染均具有较强的空间相关性，呈现出“高—高”型集聚和“低—低”型集聚的分布特征，珠三角城市群雾霾污染空间相关性弱于其他两个城市群，并呈波动式发展，2007年以后雾霾污染正空间相关性显著。在空间效应的对比上，三大城市群空间效应均显著。

（1）在直接效应和间接效应上，各变量对我国三大城市群雾霾污染影响程度不同

长三角城市群与京津冀城市群结论基本一致，不仅本地区的产业结构和城镇化水平对雾霾污染有显著影响，其相邻地区的产业结构也会对本地区的雾霾污染产生显著影响，同样存在“警示效应”，但影响程度要弱于京津冀城市群，特别是在加入经济因素后，京津冀城市群各地区对于相邻地区雾霾污染的影响程度显著强于长三角城市群各地区；珠三角城市群仅有外商直接投资的增加不仅使本地区雾霾污染加重还会使其距离相近地区雾霾污染加重，城镇化水平和人口密度的间接效应显著，会使得距离相近地区的雾霾污染加重。具体来说，在直接效应上，京津冀城市群城镇化水平的直接效应更显著，长三角城市群的实际人均GDP的直接效应更显著，而珠三角城市群的外商直接投资的直接效应更显著；在间接效应上，京津冀城市群大部分变量均显著，特别是加入经济因素后；长三角城市群产业

结构的间接效应比较显著，珠三角城市群城镇化水平、外商直接投资和人口密度的间接效应明显显著，三大城市群各地区均具有一定程度的具有空间外部性。

（2）从总效应上看，造成我国三大城市群雾霾污染的主要原因不同

尽管产业结构、城镇化水平是造成京津冀城市群各地区雾霾污染严重的主要原因，但却不是长三角和珠三角城市群各地区雾霾污染的主要成因，且经济增长、对外开放、人口集聚等因素对于雾霾污染的空间外部性均弱于京津冀城市群各地区；在地理权重矩阵下，首先是京津冀城市群雾霾污染的总效应最强；其次是珠三角城市群；最后是长三角城市群。

分析结果表明，三大城市群的雾霾污染均具有一定的空间依赖性，但三大城市群雾霾污染的成因又各不相同。雾霾污染、产业结构、城镇化三者之间相互的双向作用机理依然存在，但三大城市群产业结构和城镇化水平空间效应强弱不同，各因素不仅对本地区雾霾污染造成影响，也会对周边地区的雾霾污染产生影响，同时还存在反馈效应。其现实意义在于提供雾霾污染存在溢出效应的经验证据，为各地区政府制定雾霾治理措施提供了必要的理论支撑和政策启示，在区域统筹发展过程中，各地既要考虑自身的实际情况，又要考虑周边地区情况，既要区域联动，又要因地制宜，制定差异性策略，实现区域间的协同发展。

第6章

雾霾治理效率与京津冀空间集聚及演变分析

由前面几章分析可知，京津冀地区的雾霾污染具有显著的空间溢出效应，与粗放型的、不合理的产业结构呈“倒 U 形”曲线关系，城镇化水平对京津冀地区的雾霾污染具有促增和抑制两个相反方向的作用，三者之间存在相互的双向作用机理；人均 GDP、外商直接投资、对外贸易依存度等对京津冀地区的雾霾污染具有不同程度的影响，与长三角和珠三角城市群相比，京津冀雾霾污染与产业结构、城镇化水平之间具有更加显著的空间效应。2013 年以来，京津冀三地雾霾联合防治，联动治污，出台“国十条”等一系列的法律法规，并投入大量资金对雾霾污染进行治理；2015 年中共中央政治局审议通过《京津冀协同发展规划纲要》明确要重点突破生态环境等问题。这些政策措施的实施和投入及各种规划的出台是否有利于改善京津冀地区的雾霾污染？雾霾污染治理的效率如何？如何对京津冀地区的雾霾污染治理效率进行测度和评价？当前雾霾联合防治下京津冀各行业及人口的空间集聚程度及时空格局的动态演变状况如何？本章在承接前文分析雾霾污染、产业结构、城镇化作用机理及空间效应基础上，进一步对这些问题进行探讨。

6.1　京津冀城市群雾霾治理效率测度

6.1.1　环境效率评价及其测定方法

（1）环境效率

对于环境效率的概念不同的组织和学者具有不同的界定。世界可持续发展工商理事会（WBCSD）将环境效率定义为“满足人类生活需求的商品和服务的经济价值与环境负荷的比值”；世界经济合作与发展组织（OECD）将环境效率定义为“产品或服务的经济价值与生产活动对环境所造成的影响”；联合国环境项目组（UKEP）将环境效率定义为“在既定资源和能源条件下创造的产品和服务的价值总和”①。Schaltegger 和 Sturm（1990）把环境效率定义为经济增加值与环境影响之比；Kortelainen（2008）认为环境效率为经济增加值与环境带来损失之比。由此可以看出，国际组织和国外学者对于环境效率概念的界定侧重于经济价值对环境造成的影响。

国内学者对于环境效率概念的界定与国外不同，大多基于投入产出效率角度（Bing W，2010；曾贤刚，2011；苑清敏，2015），认为环境效率即为考虑投入生产要素后获得产出多或少的环境影响。本书则是基于投入产出比角度对环境效率进行评价。2007 年 OECD 发布的《OECD 中国环境绩效评估》报告中认为，中国的环境污染排放与经济发展不匹配，已有环境治理努力的有效性和效率均不高。现有对环境效率进行评价的方法主要包括参数评价方法、非参数前沿方法、生命周期法、生态足迹法等，具体可使用随机前沿法（SFA）、数据包络分析法（DEA）、Tornqvist 指数、Fischer 指数等全要素生产率测度法、Malmquist 指数法等。

（2）环境效率评价的测定方法

本书拟采取应用范围较广的数据包络分析法（DEA）对京津冀、长三角、珠三角三大城市群近几年的环境效率进行评价。DEA 方法最早产生于 Farrell（1957）的效率评价理论，后由美国运筹学家 Charnes、Cooper、Rhodes（1978）在此基础上完善发展，并创立第一个 DEA 模型——C2R 模型；Faere（1989）对 DEA 模型进行了修正，将环境这个不正常要素纳入模型中用来评价环境效率，并提出了非期望产出的 DEA 模型；Berg（1992）将非期望产出当做投入进行处理；Hyanes 等（1997）提出了污染物处理法，将非期望产出污染物作为投入指标纳入环境效率评价中去；Seiford（2005）、Hua（2007）又进一步提出了负产出转换方法、线性数据转换法、非线性数据转化法对环境污染数据进行处理，然后再使用 DEA 对环境效率进行评价。国内学者也对 DEA 法评价环境效率进行了关注：王波等（2002）使用 DEA 方法，将环境残余物作为投入变量对企业效率进行了测

① 郭文．基于环境规制、空间经济学视角的中国区域环境效率研究［D］．南京航空航天大学，2016.

度；曾贤刚（2011）运用2000—2008年的省级面板数据使用DEA方法对环境效率进行了评价，认为中国环境效率值在0.7以上并呈下降趋势，且地区间差异明显；张子龙等（2015）利用DEA方法对2005—2010中国286个地级城市的工业环境效率进行了评价，认为东、中、西部工业环境效率存在明显的空间差异；部分学者对京津冀地区环境效率评价也进行了关注：陈浩等（2015）使用DEA方法对京津冀地区2003—2013年的环境效率进行了评价，认为京津冀地区环境效率整体不高。

DEA是一种通过处理多投入多产出的非参数效率评价模型来计算决策单元（Decision Making Unit，DMU）的相对效率。该方法假设利用线性规划思想，在既定条件下计算出DMU的"生产前沿面"来判定其是否有效，被前沿包裹的DMU即为有效，位于前沿上的DMU效率值为1，效率值范围为0至1之间，效率值越高，说明效率越高；未被前沿包裹的DMU即为非有效。该方法的优点在于不需要考虑投入与产出之间函数关系的具体设定，不需要考虑投入与产出变量的量纲差异及权重大小，因此被广泛应用于效率评价中。本书就是基于DEA方法，选取最基本且应用范围最广的C2R模型来测定三大城市群环境效率并进行比较。C2R模型假定规模收益不变，经济中有n个具有可比性的DMU；每个DMU有m种投入x_i和s种产出y_j，投入变量和产出变量相对应的权重分别为v_i和u_j。具体表示为：

$x_i = DMU_i$，表示m种投入（i=1，2，…，m）；

$y_r = DMU_j$，表示s种产出（r=1，2，…，s）；

v_i=投入变量的权重，（i=1，2，…，m）；

u_r=产出变量的权重，（r=1，2，…，s）。

其中，x_i、y_j、v_i、u_r均大于0、x_i、y_j为可观测到的实际数据，对投入产出权重v_i、u_r赋值，则DMU的投入产出比可表示为：

$$h_j = \frac{\sum_{r=1}^{s} u_r y_{rj}}{\sum_{i=1}^{m} v_i x_{ij}} \quad j = (1,2,\cdots,n) \tag{6-1}$$

式（6-1）中，h_j即为每个DMU对应的效率评价指数，通过对权重v_i、u_r赋值，使得$0 \leqslant h_j \leqslant 1$。如果以决策单元$DMU_{j0}$的效率评价指数为考察目标，在所有DMU的效率指数≤1为约束条件下使得DMU_{j0}的效率评价指数极大化，构造 C^2R 模型如下：

$$C^2R=\begin{cases}h_{j0}=\max\dfrac{\sum_{r=1}^{s}u_r\,y_{rjo}}{\sum_{i=1}^{m}v_i\,x_{ij0}}\\ \text{s. t. }\dfrac{\sum_{r=1}^{s}u_r\,y_{rj}}{\sum_{i=1}^{m}v_i\,x_{ij}}\leqslant 1\quad j=1,2,\cdots,n\\ v\geqslant 0\\ u\geqslant 0\end{cases}\tag{6-2}$$

式（6-2）为分式规划模型，为简便计算，令 $t=\dfrac{1}{\sum_{i=1}^{m}v_ix_{ir}}$，$\mu=tu$，$\gamma=tv$，并使用 Charnes-Cooper 变化方法（1962）转化为等价线性模型：

$$C^2R=\begin{cases}\max\sum_{r=1}^{s}\mu_r\,y_{rjo}(r=1,2,\cdots,s)\\ \text{s. t. }\sum_{r=1}^{s}\mu_r\,h_{rj}-\sum_{i=1}^{m}\gamma_i\,x_{ij}\leqslant 0(i=1,2,\cdots,m,j=1,2,\cdots,n)\\ \sum_{i=1}^{m}\gamma_i\,x_{ij}=1\\ \gamma\geqslant 0\\ \mu\geqslant 0\end{cases}\tag{6-3}$$

根据对偶理论，线性规划模型可转换为与之对应的对偶规划模型，具体表示为：

$$O_{C^2R}=\begin{cases}\min\theta\\ \text{s. t. }\sum_{j=1}^{n}\lambda_j\,x_{ij}\leqslant\theta\,x_{ij0}(i=1,2,\cdots,m,j=1,2,\cdots,n)\\ \sum_{j=1}^{n}\lambda_j\,y_{rj}\geqslant y_{rj0}(r=1,2,\cdots,s)\\ \lambda\geqslant 0\end{cases}\tag{6-4}$$

式（6-4）中，λ_j表示决策单元 DMU 的线性组合系数，模型目标函数的最优解为θ^*。在产出y_{rj0}保持不变的条件下，各项投入x_{ij0}按同一比例（$1-\theta^*$）缩小；如各项投入不能按这一比例缩小，被评价DMU_{j0}有效，反之则无效，θ^*数值越小，表示缩小幅度越大，效率越低；当$\theta^*=1$时，被评价DMU_{j0}位于“生产前沿面”上，DMU_{j0}有效。C^2R模型假定规模收益不变，因此当对DMU进行有效性判断时，其效率值为包含技术效率和规模效率的综合效率值；如果被评价DMU_{j0}位于“生产前沿面”上，表示存在技术有效，但不一定规模有效，只有当被评价DMU_{j0}对应规模收益最佳状态时，才具有技术有效和规模有效。这种方法被称为投入导向型DEA，另一种为产出导向型DEA，即投入x_{ij0}不变条件下，产出y_{rj0}的最大化问题，原理相同。

6.1.2 京津冀环境效率评价测算及三大城市群对比

根据DEA选取投入与产出变量的原则及地级市数据的可获得性，本书选取京津冀城市群13个地级市、长三角城市群26个地级市及珠三角城市群的9个地级市——共48个地级市，基于数据包络分析法，对2010—2015年共6年的数据，以年末总人口数（白永平，2013）、固定资产投资作为投入变量；环境污染排放变量既可作为投入变量（王波，2002）也可作为产出变量，本书借鉴陈诗一（2010）、白永平（2013）将环境污染排放作为坏的产出，工业二氧化硫是造成环境污染的主要因素，因此选取工业二氧化硫作为产出变量。数据来源均为2011—2016年《中国城市统计年鉴》。

使用DEAP2.1软件，选取投入和产出指标的相关数据，对三大城市群的环境效率进行测算，得到三大城市群的环境效率评价结果，如表6-1所示。

由表6-1可知，相对而言，在2010—2015年期间京津冀地区平均效率值位于0.20—0.33之间，整体环境效率较低，且呈现出下降趋势，2014年达到最低，2013年年末、2014年为京津冀地区雾霾最严重年份，2015年略有好转，但2013年后，随着雾霾污染的加重，京津冀地区投入了大量的环境治理，并出台了《大气污染防治法》《大气污染防治行动计划》《北京市大气污染防治条例》等一系列相关法律和条例和严格的环境管

表 6-1　　2010—2015 年三大城市群环境效率评价结果

地区	2010 年	2011 年	2012 年	2013 年	2014 年	2015 年	年均
北京市	0.846	0.516	0.498	0.482	0.482	0.546	0.562
天津市	0.288	0.281	0.288	0.306	0.321	0.327	0.302
石家庄市	0.233	0.250	0.219	0.200	0.180	0.180	0.210
唐山市	0.340	0.397	0.347	0.295	0.255	0.253	0.315
秦皇岛市	0.373	0.332	0.281	0.262	0.257	0.270	0.296
邯郸市	0.261	0.274	0.236	0.198	0.169	0.172	0.218
邢台市	0.241	0.271	0.231	0.195	0.170	0.182	0.215
保定市	0.283	0.292	0.258	0.263	0.216	0.233	0.258
张家口市	0.217	0.215	0.190	0.179	0.163	0.165	0.188
承德市	0.240	0.257	0.212	0.183	0.163	0.169	0.204
沧州市	0.309	0.314	0.266	0.227	0.195	0.202	0.252
廊坊市	0.302	0.283	0.250	0.217	0.278	0.218	0.258
衡水市	0.333	0.304	0.282	0.234	0.206	0.212	0.262
上海市	0.655	0.704	0.687	0.706	0.666	0.746	0.694
南京市	0.315	0.304	0.282	0.409	0.282	0.338	0.322
无锡市	0.394	0.403	0.378	0.548	0.357	0.359	0.407
常州市	0.294	0.299	0.271	0.688	0.276	0.292	0.353
苏州市	0.518	0.465	0.417	0.446	0.432	0.458	0.456
南通市	0.324	0.319	0.282	0.452	0.246	0.265	0.315
盐城市	0.250	0.324	0.593	0.438	0.237	0.235	0.346
扬州市	0.340	0.331	0.294	0.401	0.260	0.265	0.315
镇江市	0.304	0.350	0.313	0.288	0.258	0.261	0.296
泰州市	0.270	0.376	0.332	0.338	0.261	0.258	0.306
杭州市	0.439	0.420	0.375	0.338	0.316	0.341	0.372
宁波市	0.478	0.472	0.405	0.359	0.324	0.335	0.396
嘉兴市	0.314	0.334	0.315	0.284	0.256	0.264	0.295
湖州市	0.367	0.351	0.306	0.291	0.267	0.280	0.310
绍兴市	0.455	0.434	0.379	0.342	0.314	0.326	0.375
金华市	0.554	0.529	0.430	0.374	0.342	0.349	0.430
舟山市	0.316	0.301	0.267	0.214	0.216	0.228	0.257
台州市	0.518	0.507	0.419	0.361	0.326	0.336	0.411

续表

地区	2010年	2011年	2012年	2013年	2014年	2015年	年均
合肥市	0.288	0.200	0.187	0.172	0.166	0.182	0.199
芜湖市	0.184	0.227	0.197	0.177	0.164	0.171	0.187
马鞍山市	0.222	0.224	0.183	0.156	0.135	0.138	0.176
铜陵市	0.261	0.261	0.208	0.196	0.201	0.251	0.230
安庆市	0.248	0.272	0.250	0.206	0.188	0.193	0.226
滁州市	0.195	0.229	0.197	0.174	0.165	0.169	0.188
池州市	0.171	0.236	0.199	0.173	0.163	0.171	0.186
宣城市	0.178	0.196	0.184	0.169	0.137	0.143	0.168
广州市	0.668	0.676	0.644	0.597	0.580	0.631	0.633
深圳市	1	1	1	1	1	1	1
珠海市	0.489	0.409	0.341	0.328	0.352	0.489	0.401
佛山市	0.667	0.632	0.555	0.507	0.484	0.497	0.557
江门市	0.505	0.458	0.395	0.345	0.318	0.323	0.391
肇庆市	0.413	0.346	0.307	0.284	0.275	0.279	0.317
惠州市	0.393	0.379	0.350	0.330	0.317	0.317	0.348
东莞市	0.773	0.814	0.759	0.684	0.700	0.817	0.758
中山市	0.569	0.531	0.488	0.473	0.531	0.537	0.522

控政策，从而有效提高了环境效率。从京津冀城市群内部来看，首先北京市与天津市、河北省各地级市差异较明显，环境效率值最高，2010年为0.846，接近“生产前沿面”，但下降较快，2014年下降为0.482，2015年回升为0.516；天津市和河北省的环境效率差异不大，天津市、唐山市环境效率较高，效率值达到0.3以上，且天津市的环境效率呈现不断改善趋势；其次为秦皇岛、衡水、保定、廊坊、沧州等市，环境效率均值均在0.25以上，张家口市环境效率最低，均值在0.2以下；河北省各地级市环境效率呈现不断恶化的趋势，这也是造成该地区雾霾污染严重的主要原因。

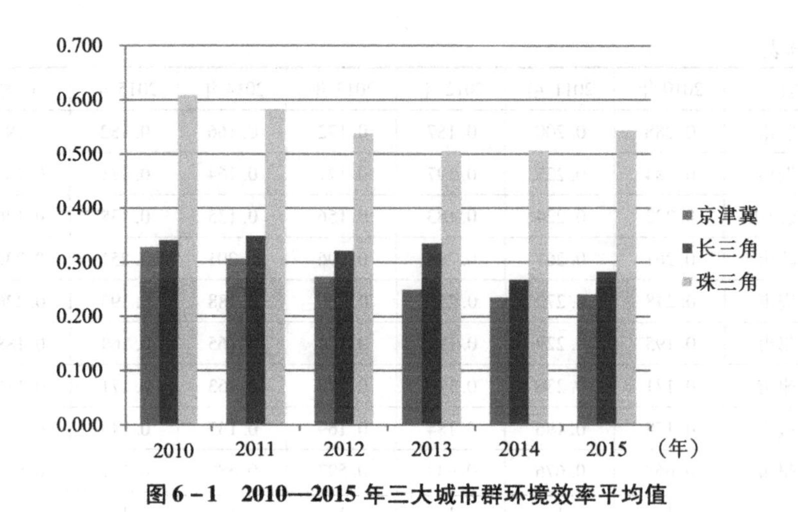

图6-1　2010—2015年三大城市群环境效率平均值

资料来源：2011—2016年《中国城市统计年鉴》，并根据相关软件统计计算、绘制。

从三大城市群比较来看，如图6-1所示，京津冀城市群与长三角城市群的环境效率差异不明显，均值分别为0.272和0.316，珠三角城市群环境效率的均值为0.547，明显优于京津冀和长三角城市群。从变化趋势来看，京津冀城市群和珠三角城市群的环境效率值均呈现出先下降后上升的趋势，2013年和2014年达到最低；长三角城市群不同，环境效率值在2013年不降反增，但总体仍低于珠三角城市群。从城市群内部来看，如表6-1所示，长三角城市群中的上海市的环境效率有效性明显优于其他地区，均值为0.694；其次为苏州、金华、台州等市，均值在0.4以上；合肥、芜湖、马鞍山、滁州、池州、宣城等市效率较低，均值均在0.2以下；2010年以来珠三角城市群中各地级市环境效率协调度较高，均值位于0.3以上，其中，深圳市环境效率最为有效，值均为1，位于"生产前沿面"上；其次为东莞市最接近"生产前沿面"，广州、佛山、中山等市环境效率值位于0.5—0.8之间；肇庆、惠州市环境效率相对较差，在0.35以下，惠州市的环境效率值不断下降，其他市均在2014年以后有所好转。

6.1.3　京津冀城市群雾霾治理效率测算及三大城市群对比

自2013年以来，中国雾霾天气频发，京津冀、长三角等多地成为中国主要的雾霾污染重灾区，国家出台了一系列政策法律，提高环境标准，治理污染企业等，虽然取得了一定成效，但雾霾污染依然存在。本书运用数据包络法对京津冀地区及其他省市的雾霾治理效率进行了测算。基于数据可获得性，选取2011—2015年中国31个省的相关数据，以废气治理设施、废气治理设施运行费用作为投入指标，以工业烟粉尘去除量作为产出指标，对京津冀及其他省份的雾霾治理效率进行测算，结果如表6-2所示。数据来源于《中国环境统计年鉴》《中国城市统计年鉴》。

表6-2　　中国各省雾霾治理效率评价结果

地区	2011年	2012年	2013年	2014年	2015年	均值
北京	0.282	0.373	0.401	0.261	0.176	0.299
天津	0.155	0.268	0.282	0.180	0.168	0.211
河北	0.313	0.433	0.441	0.404	0.352	0.389
山西	0.427	0.686	0.437	0.499	0.605	0.531
内蒙古	1	0.738	0.838	0.864	0.768	0.842
辽宁	0.444	0.419	0.517	0.428	0.473	0.456
吉林	0.943	0.828	0.742	0.912	0.801	0.845
黑龙江	0.298	1	1	1	1	0.860
上海	0.140	0.167	0.168	0.177	0.183	0.167
江苏	0.248	0.188	0.360	0.357	0.392	0.309
浙江	0.230	0.229	0.286	0.311	0.309	0.273
安徽	0.717	0.776	0.868	0.669	0.730	0.752
福建	0.378	0.452	0.487	0.485	0.463	0.453
江西	0.443	0.440	0.520	0.532	0.504	0.488
山东	0.397	0.498	0.564	0.551	0.539	0.510
河南	0.798	1	1	0.748	0.748	0.859
湖北	0.265	0.587	0.611	0.561	0.484	0.502
湖南	0.512	0.752	0.797	0.588	0.403	0.610
广东	0.213	0.193	0.228	0.278	0.251	0.233
广西	0.525	0.589	0.690	0.658	0.669	0.626
海南	0.304	0.307	0.471	0.407	0.576	0.413
重庆	0.747	0.721	0.913	0.822	0.754	0.791

续表

地区	2011 年	2012 年	2013 年	2014 年	2015 年	均值
四川	0.475	0.590	0.590	0.464	0.465	0.517
贵州	0.632	0.526	0.917	1	1	0.815
云南	0.619	0.541	0.595	0.557	0.651	0.593
西藏	1	1	1	1	1	1
陕西	0.715	0.673	0.874	0.956	1	0.844
甘肃	0.697	0.542	0.710	0.636	0.656	0.648
青海	0.407	0.397	0.512	0.528	0.677	0.504
宁夏	1	1	1	1	0.922	0.984
新疆	0.606	0.679	0.720	0.651	0.796	0.690
均值	0.514	0.567	0.630	0.596	0.597	0.581

由表 6－2 可知，京津冀地区的雾霾污染治理效率在全国范围内偏低，京津冀三省份中河北省的雾霾污染治理效率最高，均值为 0.389，其次为北京市，天津市最低，雾霾污染治理的投入产出比低于河北省和北京市，均值为 0.211。从京津冀地区内部来看，2013 年以前雾霾污染治理效率呈不断改善的趋势；但随着 2013 年雾霾污染的大面积爆发，京津冀三省份的雾霾污染治理效率值均呈不断下降趋势，雾霾污染治理的投入产出比下降，不断远离最佳“生产前沿面”，至 2015 年，河北省与京津两地的雾霾污染治理效率值差距不断拉大。从区域分布来看，中部地区和西部地区的雾霾污染治理效率值均在 0.7 上下波动，接近“生产前沿面”，投入产出比较高，其中，黑龙江、西藏、贵州、宁夏四省位于“生产前沿面”上，但中西部地区雾霾污染治理效率的走势不同，中部地区呈现出不断恶化的趋势，西部地区 2015 年雾霾污染治理效率有所改善；东部地区雾霾污染治理效率较低，均值在 0.337，京津冀三省份在东部地区乃至全国范围内均处于较低水平。

从三大城市群所在省份来看，如图 6－2 所示，三大区域的雾霾污染治理效率均远离“生产前沿面”。其中，江、浙、沪、皖四省份的雾霾污染治理效率值高于其他省份，均值为 0.375，从变化趋势来看，该区域雾霾污染治理效率在某些年份虽有小幅下降但整体呈不断改善趋势；京津冀三

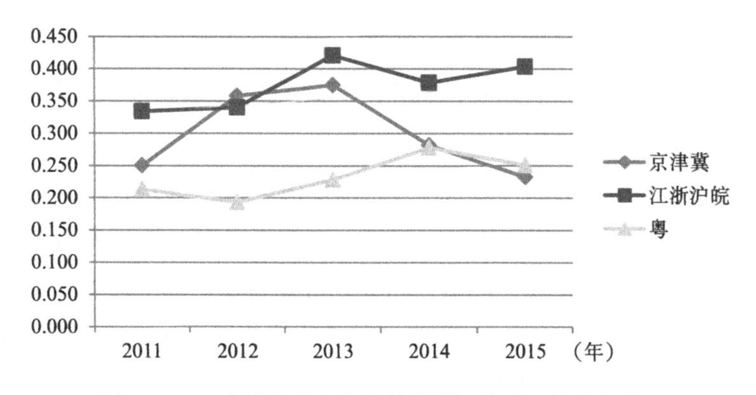

图6-2　三大城市群所在省份雾霾污染治理效率变化图

资料来源：2011—2016年《中国环境统计年鉴》《中国城市统计年鉴》，并根据相关软件统计计算、绘制。

省份2013年以前工业烟粉尘去除量效率有所改善，但2013年以后雾霾污染治理效率下降比较迅速，工业烟粉尘去除量效率较低，2015年降为0.232；广东省雾霾污染治理效率同样呈现出先上升后下降的趋势。从三大区域的雾霾污染治理效率的变化趋势对比来看，京津冀地区雾霾污染治理效率恶化比较迅速，投入产出比较低，无法与该区域经济增长相匹配，经济增长仍属粗放型增长。因此，京津冀地区虽然采取了一系列严格的雾霾联防联控措施，投入大量资金和物力治理雾霾，虽取得了一定效果，但雾霾污染依然存在。

6.2　京津冀城市群雾霾污染和雾霾治理效率的标准差椭圆（SDE）

6.2.1　研究方法介绍及数据

（1）研究方法介绍

传统测度和评价社会经济、自然等要素的区域差异的方法主要有变异系数、基尼系数、标准差、艾肯森指数、泰尔指数、赛尔指数、综合熵指数等（刘慧，2004；段小微，2014），这些方法具有各自的优势，但大多从区域、非空间角度分析，具有一定的局限性，未能完全反映经济活动的空间格局全貌；随着 GIS 技术的成熟，探索性空间数据分析（ESDA）的空间测度方法被广泛应用。

空间统计标准差椭圆方法（SDE）最早由 Lefever（1926）提出，后经由 Bachi（1963）和 Yuill（1971）发展，主要用来揭示地理要素的各种空间（平面空间、球面空间、网络空间等）分布特征。该方法被广泛应用于社会学、人口学、犯罪学、地质学、生态学等领域。O'Loughlin 和 Witmer（2011）应用标准差椭圆方法对北高加索地区 1999—2007 年 14177 件暴力事件的时空变化进行了描述性空间统计分析；Mamuse 等（2009）运用标准差椭圆方法分析发现西澳大利亚某一硫化镍矿床集群更趋于"西北—东南"的空间分布趋势发展；Vanhulsel 等（2011）则将标准差椭圆应用于地质学领域；Yue 等（2005）运用标准差椭圆的方法分析了中国 1960 年以来的陆地生态系统的空间分布状况。

从国内来看，龚建新（2002）较早地对标准差椭圆的机理进行了阐述，然后被广泛应用于人口、经济重心、经济空间差异等的研究上：俞路、张善余（2006）运用标准差椭圆方法分析了北京市 1996—2003 年人口分布的重心迁移及郊区化的动态变化过程；赵作权、宋敦江（2011）运用全局空间统计方法研究后认为中国经济空间、交通运输空间格局的演化整体均呈收缩趋势；赵璐、赵作权（2014）使用标准差椭圆的方法对我国沿海地区 113 个城市 2003—2011 年沿海地区经济空间差异、时空格局的特征及变化进行了动态研究；曾浩等（2016）运用标准差椭圆的方法，选取长江经济带 1998—2013 年市域人均 GDP 数据研究分析了长江经济带的经济重心及空间格局的变动，发现经济重心先向西再向东方向变动，空间格局呈西南—东北动态变化；唐秀美、郜允兵等（2017）运用标准差椭圆方法，选取京津冀地区 1993—2013 年份县人均 GDP 数据，认为京津冀地区县域人均 GDP 发展整体上呈"先集中、后分散"的趋势且经济重心呈现出"先西南、后东北"的空间变动趋势。近年来，部分学者开始将标准差椭圆方法应用于产业的空间分析：赵璐、赵作权（2014）基于两次经济普查数据运用标准差椭圆方法分析了中国制造业空间集聚的特征及变化。但迄今为止，将标准差椭圆方法应用于雾霾及京津冀产业空间分布、差异及演变特征方面的研究较少。

标准差椭圆方法（SDE）主要是根据研究对象集的平均重心分别计算x方向和y方向的标准距离，作为椭圆的长轴、短轴，以此来判断研究对象的空间位置相对平均中心位置的偏离程度；并从中心性、展布性、密集型、方位和形状等多个角度揭示地理要素空间格局分布的整体特征、空间差异及时空演化（赵璐、赵作权，2014）。如图6－3所示的是在二维平面空间上各基本要素和特征的表达。其中，椭圆的中心表征中心性，即椭圆中心的坐标，表示要素在二维空间上分布的相对位置；椭圆的x长轴、y短轴的长度表征展布性，x长轴表示要素分布的方向，y短轴表示要素分布的范围，两者的差值表示要素的离散和集聚的程度，差值越小，表明离散程度越大；椭圆的密集性由要素属性总量和椭圆的面积共同表征，表示其密集程度；方位角为正北方向顺时针旋转到椭圆x长轴的角度，主要反映其分布的主趋势方向；空间形状则有椭圆形状来表征，反映其延展的程度，通过椭圆是否被拉长判断其延展方向。通过对这些一维的但具有二维的空间特性进行相对独立的统计计量，能够有效刻画研究对象的空间特征，并通过地理区位的图形表达，定量、可视化地精细揭示要素的空间分布特征及动态演化过程。

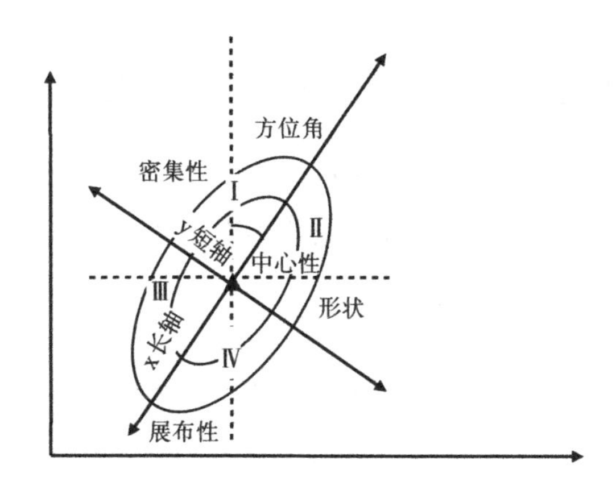

图6－3 SDE空间表征图

从图6-3来看，整个地理空间被椭圆分为椭圆内部和外部两部分；x轴、y轴又将椭圆内部划分为四个子空间。位于椭圆内部的为地理要素的主体，当椭圆内部要素增速快于椭圆外部的要素增速时，那么要素空间分布椭圆将有收缩的趋势，反之，则为扩张的趋势（赵璐，2014）；椭圆中心会向要素增速快的子空间方向移动，若子空间Ⅰ、Ⅳ内的要素增速快于其他子空间，则方位角θ变小，若子空间Ⅱ，Ⅲ内的要素增速快于其他子空间，则方位角θ变大。

SDE主要参数计算公式如下：

平均中心：

$$\overline{X}_w = \frac{\sum_{i=1}^{n} w_i x_i}{\sum_{i=1}^{n} w_i};\overline{Y}_w = \frac{\sum_{i=1}^{n} w_i y_i}{\sum_{i=1}^{n} w_i} \tag{6-5}$$

SDE公式为：

$$SDE_x = \sqrt{\frac{\sum_{i=1}^{n} (x_i - \tilde{X})^2}{n}} \tag{6-6}$$

$$SDE_y = \sqrt{\frac{\sum_{i=1}^{n} (y_i - \tilde{Y})^2}{n}} \tag{6-7}$$

方位角公式：

$$A = \sum_{i=1}^{n} w_i^2 \tilde{x}_i^2 - \sum_{i=1}^{n} w_i^2 \tilde{y}_i^2 \tag{6-8}$$

$$B = \sqrt{\left(\sum_{i=1}^{n} w_i^2 \tilde{x}_i^2 - \sum_{i=1}^{n} w_i^2 \tilde{y}_i^2\right)^2 + 4\left(\sum_{i=1}^{n} w_i^2 \tilde{x}_i \tilde{y}_i\right)^2} \tag{6-9}$$

$$C = 2\sum_{i=1}^{n} w_i^2 \tilde{x}_i \tilde{y}_i \tag{6-10}$$

$$\tan\theta = \frac{A + B}{C} \tag{6-11}$$

沿x轴、y轴方向的标准差：

$$\partial_x = \sqrt{\frac{\sum_{i=1}^{n} (w_i \tilde{x}_i \cos\theta - w_i \tilde{y}_i \sin\theta)^2}{\sum_{i=1}^{n} w_i^2}} \tag{6-12}$$

$$\partial_y = \sqrt{\frac{\sum_{i=1}^{n} (w_i \tilde{x}_i \sin\theta - w_i \tilde{y}_i \cos\theta)^2}{\sum_{i=1}^{n} w_i^2}} \tag{6-13}$$

密集度：

$$I = \frac{\sum_{i=1}^{n} w_i}{\pi \partial_x \partial_y} \tag{6-14}$$

形状：

$$S = \frac{\partial_y}{\partial_x} \tag{6-15}$$

式（6－5）—（6－15）中，（x_i，y_i）表示研究对象的空间区位坐标；w_i表示权重；（$\overline{X}_w$，$\overline{Y}_w$）表示椭圆的加权平均中心；SDE_x、SDE_y分别表示椭圆的圆心，使用算术平均中心计算；θ 表示椭圆的方位角；$\tilde{x}_i$、$\tilde{y}_i$分别表示坐标（x_i，y_i）到平均中心的偏差；∂_x、∂_y 分别表示椭圆的 x 轴和 y 轴的标准差；I 表示研究对象分布的密集度；S 表示形状指数，∂_x、∂_y 差距越大，即扁率越大，椭圆的方向性越明显，反之，则方向性不明显，当 $\partial_x = \partial_y$时，S＝1，椭圆为一个圆，表示不存在任何的方向特征。

（2）数据处理

本书使用空间统计加权标准差椭圆方法（SDE）度量京津冀地区的雾霾及产业的空间分布特征及差异状况，使用 ARCGIS10.2 中空间统计模块中度量地理分布工具中的方向分布（标准差椭圆）进行统计，输入京津冀雾霾和产业相关数据，对京津冀地区地图进行相关处理，运用第一级标准差椭圆面包含聚类中约68%的要素，输出结果。由于我国对于 PM2.5 数据监测始于 2014 年，且在 2015 年覆盖所有地级市，因此 2000—2012 年 PM2.5 数据来源于哥伦比亚大学社会经济数据和应用中心（CIESIN）公布的利用卫星对气溶胶光学厚度（AOD）进行监测的 2000—2012 年 PM2.5 全球年均值的遥感地图，2014—2017 年 PM2.5 数据则来源于中国空气质量在线监测分析平台。

6.2.2　京津冀雾霾污染的标准差椭圆（SDE）

在对雾霾污染的空间分布及动态演变过程进行分析时，考虑到京津冀雾霾污染在很大程度上是由于其产业结构不合理、城镇化质量水平不高等内生原因造成的，因此本书未考虑京津冀地区以外雾霾污染的影响。

根据标准差椭圆（SDE）各参数的计算公式，选取京津冀地区 13 个省市的 PM2.5 的数据，使用 Arcgis10.2 中空间统计模块中的度量地理分布工具，选取京津冀地区 13 个省市的 PM2.5 的数据，能够绘制出京津冀地区雾霾污染的标准差椭圆。

以京津冀地区 13 个地级行政区的空间区位为基础，将城市体系的足迹空间分布椭圆作为参照对象，来对比分析京津冀地区雾霾污染的空间分布及动态变化过程。如以城市体系足迹空间为参照，足迹空间的重心坐标为(116.32°E，38.97°N)，分布于廊坊市，京津冀地区雾霾污染的特征椭圆的重心偏向西南部；与足迹空间椭圆长轴的偏差为 23.66 千米，与其短轴的偏差为 12.52 千米，明显偏离足迹空间，呈收缩状态，因此京津冀地区雾霾污染具有较明显的空间集聚特征。京津冀雾霾污染空间分布呈“东北—西南”方向的格局，北京、天津、廊坊、保定、石家庄、衡水、沧州等市为京津冀雾霾污染椭圆的分布主体，是京津冀雾霾污染空间集聚的核心区域。2000—2017 年，京津冀地区雾霾污染的空间分布发生了明显变化，本书从重心、方向、形态、密集度等主要参数方面进一步分析其空间分布及动态演化过程，并将京津冀和长三角、珠三角三大城市群的雾霾污染时空格局特征进行了对比。其中，长三角和珠三角城市群的范围是指以 2016 年 6 月 3 日国家发改委公布的《长江三角洲城市群发展规划》中包含的 26 个地级市和珠江三角洲城市群的 9 个地级市。

（1）空间分布重心的变化

通过对比发现 2000 年、2008 年和 2012 年的京津冀地区雾霾污染的空间重心沿西南方向扩散移动，2000—2012 年间则是先沿西南方向移动后向东北方向变动，如表 6 - 3 所示；但从移动距离来看，扩散不明显，在西南方向上的总位移为 2.4 千米，东北方向上的总位移为 4 千米，且西南方向上的增速快于东北方向；移动较快年份分别为 2001 年、2003 年、2009 年和 2011 年。2014—2017 年间，京津冀地区雾霾污染的特征椭圆重心先向北移动后沿西南方向移动；从移动距离来看，在西南—东北方向上是先收缩后扩散，西北—东南方向上则沿西北北京、保定、石家庄等方向变动。

表6-3 京津冀地区雾霾污染特征椭圆的各主要参数值

年份	重心坐标	短轴	长轴	方位角θ	短轴/长轴
2000	116.10°E, 38.60°N	96.667	229.649	33.610	0.4209
2001	116.05°E, 38.55°N	94.705	231.322	33.692	0.4094
2002	116.06°E, 38.56°N	94.874	230.901	33.871	0.4109
2003	116.10°E, 38.61°N	96.719	231.478	34.491	0.4178
2004	116.09°E, 38.59°N	95.701	231.458	34.161	0.4135
2005	116.09°E, 38.59°N	96.063	232.193	34.077	0.4137
2006	116.08°E, 38.58°N	95.681	233.255	33.945	0.4102
2007	116.07°E, 38.57°N	95.707	232.796	34.382	0.4111
2008	116.07°E, 38.57°N	95.880	233.578	34.421	0.4105
2009	116.13°E, 38.62°N	96.344	233.870	34.757	0.4120
2010	116.14°E, 38.63°N	96.052	234.589	34.911	0.4094
2011	116.09°E, 38.59°N	95.365	235.656	34.679	0.4047
2012	116.06°E, 38.57°N	96.246	237.419	34.379	0.4054
2014	116.10°E, 38.67°N	95.5706	238.8017	34.021	0.4002
2015	116.10°E, 38.68°N	97.0482	235.2450	33.232	0.4125
2016	116.09°E, 38.69°N	98.7053	235.4893	33.950	0.4191
2017	116.07°E, 39.00°N	100.3877	238.1546	33.631	0.4215

（2）空间分布范围的变化

特征椭圆的展布性既可用椭圆面积表征，也可用椭圆长短轴的标准差来表示。从椭圆面积来看，2012年展布范围相较于2000年和2008年，明显增大；从椭圆长短轴的长度来看，如表6-3所示，短轴变化不明显，长轴长度呈不断增加趋势，因此，椭圆的扩张趋势主要是由于长轴长度增加所致，由此可见，2000—2012年间京津冀地区雾霾污染的分布范围呈逐年扩大趋势。2014—2017年间，从椭圆面积来看，京津冀地区雾霾污染的展布性范围逐年增大；从椭圆的长短轴长度来看，短轴长度逐年增加，长轴长度先缩小后增加，如表6-4所示。

表6-4　长三角和珠三角城市群雾霾污染特征椭圆的各主要参数值

城市群	年份	重心坐标	x轴	y轴	方位角	面积	短轴/长轴	空间集聚度
长三角	2000	119.44°E，31.34°N	180.035	158.958	117.9477	89901.8	0.8829	0.1101
	2008	119.48°E，31.35°N	178.865	160.116	114.6834	89967.6	0.8952	0.1094
	2012	119.50°E，31.36°N	179.900	159.321	116.9878	90039.0	0.8856	0.1087
	2015	119.50°E，31.21°N	189.494	157.583	118.6877	93806.5	0.8316	0.0714
	2016	119.46°E，31.19°N	190.201	160.779	115.5571	96065.5	0.8453	0.0491
	2017	119.38°E，31.19°N	189.689	164.223	110.4897	97859.9	0.8658	0.0313
珠三角	2000	113.35°E，22.86°N	100.468	73.863	90.2618	23311.9	0.7352	0.0174
	2008	113.33°E，22.91°N	102.996	71.900	90.5483	23263.4	0.6981	0.0195
	2012	113.34°E，22.90°N	71.910	102.991	86.9856	23265.4	0.6982	0.0194
	2015	113.34°E，22.88°N	100.648	73.252	90.075	23160.6	0.7278	0.0238
	2016	113.33°E，22.89°N	73.289	102.263	89.749	23544.0	0.7167	0.0076
	2017	113.33°E，22.88°N	73.850	102.700	89.533	23825.6	0.7191	0.0042

（3）空间分布方向的变化

从方位角θ的变化来看，如表6-3所示，2000—2012年间京津冀地区雾霾污染的特征椭圆方位角变化范围在33.5°—35°之间，变化幅度较小，呈现出先增加后下降，在2010年达到最大值后又下降的变化趋势；总体具有增大趋势，呈顺时针方向旋转；2014—2017年间，方位角θ整体下降，呈逆时针方向旋转，说明京津冀地区雾霾污染向西北方向偏移。

（4）空间分布形态

如表6-3所示，2000—2012年京津冀地区雾霾污染的特征椭圆短轴变化不明显，长轴的标准差总体上呈增长趋势，因此京津冀雾霾污染在西南—东北方向上呈扩张状态，在东南—西北方向上呈微小的扩张状态。2012年的雾霾污染特征椭圆与2000年和2008年的特征椭圆相比，在西南方向邯郸方向拉长，在东北方向向唐山方向拉长，总体呈西南—东北延展的空间分布特征。从长短轴的标准差差异来看，差异不断增加；从形状指数来看，指数呈不断下降趋势，说明京津冀地区雾霾污染空间集聚程度增大。2014—2017年间，京津冀雾霾污染的特征椭圆在西南—东北方向呈收缩状态，在西北—东南方向上呈扩张趋势；从椭圆的长短轴差异值来看，如表6－3所示，京津冀地区雾霾污染的椭圆长短轴之间的差异值总体呈减少趋势，形状指数呈上升趋势，说明在2014—2014年间，京津冀地区雾霾污染的空间集聚程度下降。

从近几年雾霾污染PM2.5浓度均值高低来看，京津冀城市群高于其他两个城市群，珠三角城市群的空气质量优于其他两个城市群。如表6－3和表6－4所示，与长江三角洲和珠江三角洲城市群相比，2000—2017年间，三大城市群的雾霾污染的空间分布方向明显不一致，呈现出各自不同特征。整体来看，京津冀地区主要沿西南—东北方向分布；长三角地区主要沿东南—西北方向分布；珠三角地区在主要沿东—西方向分布。

具体来看，在时空格局的变化上，三大城市群呈不同方向移动，京津冀城市群雾霾污染空间分布整体向西南方向转移；长三角城市群的雾霾污染空间分布整体先沿东北方向移动后转向西南方向；珠三角城市群的雾霾污染空间分布整体向西偏移。在重心坐标的变化上，京津冀城市群和长三角城市群雾霾污染特征椭圆的重心坐标大致先沿东北后沿西南方向偏移；珠三角地区雾霾污染特征椭圆的重心偏移位置不明显。在空间分布范围上，京津冀、长三角和珠三角三大城市群雾霾污染特征椭圆的面积均不断增大，空间分布范围呈扩散趋势，且京津冀城市群和长三角城市群雾霾污染扩散的范围和速度均大于珠三角地区。在空间分布方向上，长三角和珠三角城市群雾霾污染特征椭圆的方位角θ明显大于京津冀城市群，京津冀城市群方位角呈波动式减少趋势，长三角城市群特征椭圆的方位角整体呈下降趋势，在2015—2017年阶段下降幅度最大；珠三角城市群雾霾污染特征椭圆的方位角2008年出现明显下降后小幅下降，说明三大城市群中长三角城市群的雾霾污染空间分布的方向变动幅度最大。在空间分布形态上，与京津冀城市群相反，长三角城市群和珠三角城市群的形态指数、长短轴标准差长度的差异值均呈减少趋势；珠三角城市群形态指数小幅下降，长短轴长度的差异值小幅增加，且在2012年、2016年和2017年椭圆形状发生了改变，雾霾污染由南—北方向的拉动作用转变为东—西方向的拉动作用，三大城市群相比，珠三角城市群的雾霾污染特征椭圆更接近于圆，长三角城市群次之。三大城市群的雾霾污染的空间集聚程度均不高，呈扩散式发展。

6.2.3 京津冀环境效率的标准差椭圆（SDE）

根据6.1.1中对于京津冀地区环境效率的测度数据，使用标准差椭圆方法（SDE）来分析京津冀地区近年来环境效率的时空分布及动态演变过程。

在地理位置上，京津冀地区环境效率的空间分布主要集中在北京市、天津市、廊坊市、唐山市、保定市、沧州市等核心区域。从重心坐标来看，京津冀地区环境效率的特征椭圆重心的动态演变轨迹为先向南移动然后沿东北方向移动，在东南—西北方向上，总体变动不明显，波动范围较大的为2014年，较上年位移3.07千米，在西南—东北方向上，变动较明显，2011年和2014年波动范围较大，分别较上年向东南方向和东北方向位移9.21千米和5.7千米；与京津冀地区雾霾污染的重心相比，环境效率的重心向东北方向偏移，主要落在廊坊行政区内。从分布范围来看，京津冀地区环境效率特征椭圆的面积2011年增大明显，且向东南方向略微偏移，因此京津冀东南部地区环境效率有所提高。从长短轴的长度变化来看，2011年，京津冀地区环境效率在西南方向上的拉动作用明显增强，说明京津冀西南地区邢台等地环境效率有所改善；2012年后，京津冀地区环境效率特征椭圆面积呈不断缩小趋势，2015年略有回升，长轴标准差呈不断减少趋势，短轴标准差变化不明显，整体来看，京津冀地区环境效率不高，在空间上呈不断收缩趋势，环境效率的空间差异性增强。从方位角θ来看，京津冀地区环境效率特征椭圆的方位角θ整体呈不断增大趋势，说明环境效率椭圆向东南方向偏移且空间格局呈弱化趋势。从空间分布形态来看，2011年京津冀地区环境效率特征椭圆的长短轴标准差的差异增加明显，2012后特征椭圆的长短轴标准差的差异呈不断下降的趋势，且沿西南—东北方向收缩；2011年京津冀地区环境效率特征椭圆的形状指数显著下降，2012年后逐年上升，说明2011年京津冀地区环境效率空间集聚度下降，2012年后开始向环境高效率地区集中，主要沿东北地区向京津唐地区集中，京津冀西南地区环境效率值有所下降。

从京津冀、长三角、珠三角三大城市群的环境效率的对比情况来看，如表6－5所示，三大城市群环境效率具有不同的时空格局的分布特征。在整体空间分布方向上，京津冀城市群沿西南—东北方向分布；长三角城市群沿西北—东南方向分布；珠三角城市群呈东—西方向分布。

表6－5　　三大城市群环境效率特征椭圆的各主要参数值

城市群	年份	重心坐标	x轴	y轴	方位角θ	面积	形态指数
京津冀	2010	116.47°E，39.10°N	113.99	226.3	34.45	81035.4	0.5037
	2011	116.45°E，39.02°N	113.65	235.92	34.81	84225.5	0.4817
	2012	116.44°E，39.03°N	112.99	231.84	34.6	82289.6	0.4874
	2013	116.46°E，39.06°N	113.84	227.13	35.22	81221.8	0.5012
	2014	116.50°E，39.11°N	112.81	221.77	35.79	78585.8	0.5087
	2015	116.49°E，39.11°N	113.46	222.93	35.7	79456.3	0.5090
长三角	2010	119.92°E，30.92°N	203.120	152.372	129.2086	97226.0	0.7502
	2011	119.90°E，30.97°N	202.304	156.658	131.0872	99559.3	0.7744
	2012	119.92°E，31.09°N	204.671	160.605	139.5056	103262.0	0.7847
	2013	119.93°E，31.18°N	191.564	151.104	139.2174	90931.6	0.7888
	2014	119.93°E，31.03°N	195.708	154.111	128.4275	94747.6	0.7875
	2015	119.92°E，31.03°N	194.793	153.905	125.8458	94178.4	0.7901
珠三角	2010	113.47°E，22.84°N	67.5788	94.6830	87.1912	20100.5	0.7137
	2011	113.50°E，22.85°N	65.8955	93.0005	85.6988	19251.5	0.7086
	2012	113.53°E，22.85°N	64.9215	92.5056	86.6401	18866.0	0.7018
	2013	113.54°E，22.85°N	64.6086	92.1899	87.6583	18711.0	0.7008
	2014	113.55°E，22.84°N	64.3590	90.6811	87.9089	18333.7	0.7097
	2015	113.54°E，22.83°N	65.4671	88.4152	86.4990	18183.4	0.7405

具体来看，在空间重心的变化上，三大城市群环境效率改善地区所处位置不同，京津冀城市群环境效率的空间重心沿南—东北方向转移；长三角城市群环境效率的空间重心先北后南方向移动，从常州地区内转向与宣城市；珠三角城市群整体及重心均向东偏移，表明东部地区效率改善优于其他地区。在空间分布范围上，近几年三大城市群环境效率整体呈下降趋势，但又具有各自不同特点，京津冀城市群环境效率在空间上呈收缩趋

势；长三角城市群在空间分布范围呈波动式发展趋势，2012—2013 年经历了明显改善后又迅速恶化；珠三角城市群环境效率特征椭圆面积下降趋势不明显。在空间分布方向的变化上，京津冀城市群方位角 θ 呈增大趋势；长三角城市群方位角 θ 先增大后减小，说明先是西南地区效率改善明显后是东北地区效率改善明显；珠三角城市群方位角 θ 变化不显著。在空间分布形态的变化上来看，京津冀城市群形态指数呈下降趋势；长三角城市群形态指数整体上基本呈上升趋势，长轴标准差值整体呈不断缩小趋势，在西北—东南方向上收缩，在西南—东北方向上略有扩张，空间集聚度不高；珠三角城市群形态指数变化不显著，长短轴的差异值呈不断下降趋势，表明空间集聚性加强。

6.2.4 雾霾治理效率的冷热点分析

本书使用 Getis – Ord Gi* （热点分析）方法考察我国各省雾霾污染治理效率的空间聚类分析，Getis – Ord Gi* 主要用来识别具有统计显著性的高值和低值的空间聚类，即热点和冷点的空间聚类，根据统计值的 z 值和 p 值判定高值和低值的空间聚类，通过使用 ARCGIS10.2 软件空间统计工具中的 Getis – Ord Gi* （热点分析）来实现。本节选取 6.1 中对于我国 31 个省的雾霾污染治理效率的测算数据，使用 ARCGIS10.2 软件对Getis – Ord Gi* 的统计值指标进行可视化处理，并将其分为四类：热点地区、次热点地区、次冷点地区及冷点地区，以此来分析我国雾霾污染治理效率的热点与冷点的空间集聚状况、京津冀地区雾霾污染治理的冷热点区域及其在全国中所处的空间位置，并进一步分析区域之间雾霾治理效率的相关关系。

Getis – Ord Gi* 指数的计算公式表达为：

$$Gi^* = \frac{\sum_{j=1}^{n} W_{ij} X_j - \bar{X}\sum_{j=1}^{n} W_{ij}}{s\sqrt{\frac{(n\sum_{j=1}^{n} W_{ij}^2 - \sum_{j=1}^{n} W_{ij})}{n-1}}} \tag{6-16}$$

式（6 – 16）中，n 表示研究对象的样本数量；W_{ij}表示空间权重矩阵；$\bar{X}$表示研究对象属性值的均值；X_j表示第 j 个研究对象属性值；s 表示研究对象属性值的标准差。

根据2011年和2015年我国31个省市雾霾污染治理效率的冷热点图可知，我国西部地区的雾霾治理效率要优于东部地区和中部地区，且东西部空间差异较大。从各省来看，2011—2015年，我国各省雾霾污染治理效率的热点地区变化不明显，主要集聚在新疆、西藏、青海、甘肃、四川、重庆、陕西各省，且热点地区范围有所减少，在地理位置上向西偏移；次热点地区有所增加，在内蒙古、宁夏、山西的基础上增加了黑龙江、吉林、河北、天津、贵州、云南等省份，次热点地区向东偏移，冷点地区主要聚集在江苏、安徽、上海、浙江、湖北等省份，次冷点地区减少，说明黑龙江、吉林、云南、贵州等省份的雾霾污染治理效率空间集聚性增加，湖北省从次冷点地区转为冷点地区，空间集聚性下降。

从京津冀地区的冷热点分析来看，京津冀地区雾霾污染治理效率在全国范围内的空间分布上位于低值区，2011—2015年间，Getis - Ord Gi^* 指数统计指标的z值下降，p值增加，说明其空间集聚性变弱，京津冀地区在雾霾污染治理的联防联控方面有待于进一步加强。与京津冀地区相邻各省的雾霾污染治理效率的空间分布格局相对比较稳定，北部地区和西部地区位于次热点地区，南部地区位于次冷点地区。

6.3　京津冀城市群行业和人口的空间集聚与演变

从京津冀雾霾污染与产业结构、城镇化水平的空间效应来看，雾霾污染与产业结构呈“倒U形”关系，城镇化水平对京津冀地区的雾霾污染具有促增和抑制两个相反方向的作用，因此，研究京津冀城市群的产业、雾霾污染较严重的子行业和人口的空间集聚与差异对缓解京津冀地区雾霾污染、优化产业结构的空间布局和城市群功能，促进京津冀协同发展具有十分重要的意义。

6.3.1 京津冀地区产业的空间集聚与演变

本书使用标准差椭圆（SDE）的方法，将京津冀地区产业和人口的空间集聚程度与地理范围相联系，通过特征椭圆的中心性、展布性、密集性、方位角、形态等方面的特征描述与京津冀雾霾污染相关的产业和人口的空间差异、空间集聚与时空格局的动态演变规律。

基于标准差椭圆的产业空间集聚度的公式可表达：

$$A = \left| 1 - \frac{Area_{industry}(\text{产业分布椭圆})}{Area(\text{区位分布椭圆})} \right| \tag{6-17}$$

式（6-17）中，A 为产业在对应年份的空间聚集度；$Area_{industry}$为该产业空间椭圆的面积。

基于标准差椭圆的空间差异指数公式可表达为：

$$R = 1 - \frac{Area(SDE_i \cap SDE_j)}{Area(SDE_i \cup SDE_j)} \tag{6-18}$$

式（6-18）中，R 表示两个研究对象的空间差异指数；SDE_i和SDE_j分别表示两个研究对象的空间分布标准差椭圆，R 值位于（0，1）之间，R 值越大，表明两者之间的空间差异越大，当 R=0 时，表明两者的特征椭圆在空间上完全一致，不存在任何空间差异。

使用标准差椭圆方法（SDE）衡量京津冀产业和人口的空间集聚及空间差异的优点在于其能够不受空间分割及空间尺度的影响，精确描述与雾霾污染相关的产业和人口大规模聚集的程度及空间格局的动态变化。运用 ARCGIS10.2 软件，可以计算绘制出京津冀地区产业和人口的空间格局的特征椭圆，以足迹空间分布椭圆为参照，可以判定其空间集聚及空间差异的程度，进而分析京津冀地区产业和人口的空间格局的动态演化规律。

（1）京津冀地区总产业的空间集聚与时空格局动态演变

本书总产业数据选取 2000—2015 年京津冀地区 13 个省市第二产业、第三产业工业总产值，人口数据选取 2000—2015 年京津冀地区 13 个省市非农业人口数，数据来源为 2001—2016 年《全国分县市人口统计资料》

和《中国人口与就业统计年鉴》，以京津冀地区13个省市的shp底图为基础，运用ARCGIS10.2进行计算绘制，空间参考为Albers投影。

以城市空间足迹为参照对象，京津冀地区第二、第三产业的空间集聚度呈动态变化特征。如表6-6所示，2000—2012年，京津冀地区第二、第三产业的空间集聚度均提高，第二产业的空间集聚度由2000年的0.371提高到0.415，长轴、短轴长度及面积均呈减小趋势，但总体集聚程度不高；第三产业的空间集聚度由0.451提高到0.536，长、短轴长度及面积波动幅度均大于第二产业，集聚趋势更加明显，更向中心地区集聚，且呈集中化聚集发展趋势。

表6-6 三大城市群第二、第三产业及人口特征椭圆的各主要参数值

城市群	类别	重心坐标	长轴	短轴	方位角θ	面积	短轴/长轴	空间集聚度
京津冀	2000年第二产业	116.33°E，39.01°N	92.021	199.150	34.761	57566.9	0.462	0.371
	2015年第二产业	116.53°E，39.05°N	89.347	190.918	36.661	53583.8	0.468	0.415
	2000年第三产业	116.37°E，39.31°N	92.208	173.364	32.612	50215.5	0.532	0.451
	2015年第三产业	116.47°E，39.37°N	87.553	154.430	30.569	42473.6	0.567	0.536
	2000年人口	116.35°E，39.15°N	101.509	194.078	31.567	61886.3	0.523	0.324
	2015年人口	116.04°E，38.77°N	102.669	227.160	30.563	73260.9	0.452	0.200
长三角	2000年第二产业	120.34°E，30.98°N	173.151	130.431	137.803	70946.2	0.753	0.298
	2015年第二产业	120.08°E，31.17°N	180.448	136.764	128.293	77526.6	0.758	0.233
	2000年第三产业	120.39°E，31.07°N	165.577	132.257	126.837	68793	0.799	0.319
	2015年第三产业	120.26°E，31.13°N	169.293	133.105	126.405	70787.6	0.786	0.299
	2000年人口	120.20°E，31.06°N	189.237	133.728	102.377	79497.3	0.707	0.213
	2015年人口	120.05°E，31.20°N	179.718	143.460	120.844	80993.4	0.798	0.198
珠三角	2000年第二产业	113.55°E，22.93°N	65.265	86.171	86.565	17667.2	0.757	0.255
	2015年第二产业	113.58°E，22.92°N	86.463	57.725	95.544	15678.8	0.668	0.339
	2000年第三产业	113.53°E，22.98°N	81.541	65.143	96.887	16686.8	0.799	0.297
	2015年第三产业	113.67°E，22.97°N	75.693	55.403	112.398	13173.8	0.732	0.445
	2000年人口	113.54°E，23.05°N	67.497	63.368	113.393	13436.3	0.939	0.434
	2015年人口	113.47°E，23.01°N	64.518	83.372	89.554	16897.9	0.774	0.288

京津冀地区第二产业和第三产业的空间格局呈动态演化趋势，基本呈西南—东北方向的空间分布特征，在相对地理位置上第三产业空间分布更偏向西北方向。从京津冀地区第二产业和第三产业的标准差椭圆特征及其各主要参数值以及表 6－6 所示数据来看，2000—2015 年间，京津冀地区的第二产业和第三产业的特征椭圆均与城市足迹空间出现偏差，且呈集聚状况。北京、天津、廊坊、保定、沧州位于第二产业特征椭圆的核心区域，特征椭圆的重心落在廊坊市内，并沿东北方向移动，如表 6－6 所示，重心向东位移 15.7 千米，向北位移 6.2 千米；在空间分布范围的变化上，2000—2015 年间，京津冀地区第二产业特征椭圆的面积减小，说明其展布范围缩小，长、短轴标准差减少，且长轴减少速度快于短轴，说明京津冀地区第二产业沿西南—东北方向上呈收缩趋势，向唐山方向拉动，与雾霾污染延展的拉动方向一致，且西南方向上的收缩速度大于东北方向的拉动作用；在空间分布方向的变化上，2000—2015 年间，京津冀地区第二产业特征椭圆的方位角 θ 增大，第二产业向东南方向偏移，顺时针方向变动，说明京津冀地区第二产业向唐山、天津、沧州等地区的东南方向转移，与雾霾污染的偏移方向大致相同；在空间分布形态的变化上，长、短轴标准差及其差异值均呈下降趋势，说明 2000—2015 年以来京津冀地区第二产业的特征椭圆更圆一些，从特征椭圆的形状指数来看主要呈下降趋势，但下降不明显。

北京、天津、廊坊等地区为京津冀地区第三产业特征椭圆的核心区域，2000—2015 年，第三产业的重心坐标主要位于廊坊地区。其时空格局演变如下：从重心变化来看，京津冀地区第三产业的重心向东北方向移动，向东移动 7.1 千米，向北移动 7.4 千米。在空间分布范围变化上，京津冀地区第三产业特征椭圆面积下降，从缩小速度来看，第三产业速度明显快于第二产业；从长短轴的长度来看，均呈下降趋势，且长轴下降速度明显快于短轴，因此京津冀地区第三产业特征椭圆的空间展布范围呈缩小趋势，集聚趋势较明显。从空间分布方向的变化看，第三产业主要沿西南—东北方向分布，方位角 θ 逐渐减少，说明京津冀第三产业在空间上向北京等西北方向转移，与雾霾污染扩散反向相反。在空间分布形态变化上，长、短轴标准差及差异值均呈下降趋势，说明京津冀地区第三产业在西南—东北方向和西北—东南方向均呈收缩状态，在地理位置上表现为向北京、廊坊等地集聚，且西南—东北方向的收缩速度较快，但在西北—东南方向上的拉动作用弱于第二产业，因此雾霾污染与第二产业偏移方向一致；从形态指数来看，呈上升趋势。

以城市空间足迹为参照物，京津冀、长江三角洲和珠江三角洲三大城市群的产业标准差椭圆和城市体系的标准差椭圆均出现了偏离。三大城市群产业的空间分布与雾霾污染的空间分布大体一致，但各自又呈现出不同特征。与京津冀城市群产业沿西南—东北方向的分空间分布方向不同，长三角城市群产业在空间上大致呈西北—东南方向分布，珠三角城市群产业在空间上大致呈东—西方向分布。三大城市群在时空格局的演化上也呈现出不同特征，如表6－7所示。从2000—2015年产业标准差椭圆的各参数值来看，在空间重心位置的变化上，京津冀城市群产业重心均向东北移动；长三角城市群第二、第三产业的重心均在苏州地区，且转移方向大体一致，均向西北内陆转移，第二产业总位移距离大于第三产业；珠三角城市群第二、第三产业在空间分布上整体均向南转移，第二、第三产业沿东南方向转移，由广州转移到东莞。在分布范围的变化上，京津冀城市群与珠三角城市群变化方向一致，均呈空间收缩趋势；而长三角城市群第二、第三产业特征椭圆的面积均增大，长短轴的长度均增加，空间分布范围增大；珠三角城市群第二、第三产业的椭圆面积呈缩小趋势。在空间分布方向上，京津冀城市群第二、第三产业呈不同分布方向；长三角城市群第二、第三产业方位角θ均呈下降趋势，在西北方向上具有拉动作用，在东南方向上呈收缩趋势；珠三角城市群产业方位角θ呈增大趋势，产业椭圆整体向西南方向偏移。在空间分布形态上，京津冀城市群产业的形态指数均呈下降趋势；长三角城市群的形态指数、长短轴标准差差异值的变化均不明显；与京津冀和长三角地区明显不同，珠三角城市群从形态指数的变化上变化不明显，从长短轴的长度及差异来看，珠三角地区第二产业x轴增加幅度较大，y轴减少幅度较大，整个第二产业特征椭圆的形状发生了很大改变，第三产业长短轴标准差均呈减少趋势，在空间分布上进一步集聚。在空间集聚程度上，京津冀城市群第二、第三产业空间集聚度均高于长三角和珠三角城市群；长三角城市群第二、第三产业均呈下降趋势，尤其是第二产业空间集聚程度下降明显；珠三角城市群第二、第三产业的空间集聚程度均呈上升趋势。

表 6 –7　　三大城市群产业空间分布变化对比

城市群		重心	空间分布范围	空间分布方向（方位角 θ）	空间分布形态	空间集聚度
京津冀	第二产业	东北	收缩	西南—东北（上升）	下降	上升
	第三产业	东北	收缩	西南—东北（下降）	下降	上升
	人口	西南	扩散	西南—东北（西江）	下降	下降
长三角	第二产业	西北	扩散	西北—东南（下降）	不明显	下降
	第三产业	西北	扩散	西北—东南（下降）	不明显	下降
	人口	西北	扩散	西北—东南（上升）	上升	下降
珠三角	第二产业	南	收缩	东—西（上升）	差异大	上升
	第三产业	南	收缩	东—西（上升）	下降	上升
	人口	西南	扩散	东—西（下降）	下降	下降

（2）京津冀地区各子类型行业的空间集聚与时空格局动态演变

各子类行业划分按《国民经济行业分类》中制造业的分类，本节把各行业划分为雾霾污染较严重的行业、采掘业、劳动密集型行业、资本密集型行业、技术密集型行业等几大类，选取 2000 年和 2015 年数据，分析 2000—2015 年京津冀地区各类型子行业的空间集聚、差异程度及时空格局的动态演变规律。

在空间集聚程度上，京津冀地区不同类型行业表现出不同的空间集聚程度，如表 6 –8 所示，各类型行业空间集聚程度均呈不同幅度下降，只有劳动密集型行业小幅上升；污染行业、采掘业、资本密集型行业空间程度较低，2000 年分别为 0. 4018、0. 4871、0. 4097，2015 年则分别下降为 0. 3842、0. 3256、0. 4054；京津冀地区空间集聚程度较高的为交通运输设备制造业、电子及通信设备制造、电气机械及器材制造业等技术密集型行业，但至 2015 年下降幅度较大；食品制造业、饮料制造业、服装、纺织业等劳动密集型行业的空间集聚程度仍偏高，不利于京津冀地区的产业结构的转型与升级。从集聚模式来看，当各类型行业特征椭圆的面积小于总产业特征椭圆面积时为集中化空间集聚发展模式，当各类型行业特征椭圆面积大于总产业特征椭圆面积时为离散化空间集聚发展模式（赵璐，2017），2000 年京津冀地区各类型行业均呈集中化空间集聚发展模式，至 2015 年时，雾霾污染行业、采掘业、资本密集型行业则转为离散型空间集聚发展模式，劳动密集型行业和技术密集型行业仍呈集中化空间集聚发展模式。

表 6-8　京津冀地区各类子行业标准差椭圆的各主要参数值

年份	行业	重心坐标	短轴	长轴	短轴/长轴	方位角θ	面积	空间集聚度	空间差异系数
2000	污染行业	116.47°E，38.97°N	90.612	192.364	0.471	37.021	54753.9	0.4018	0.3042
	采掘业	115.79°E，38.20°N	59.231	252.399	0.235	34.903	46949.1	0.4871	0.4361
	劳动密集型	116.16°E，38.84°N	76.706	210.937	0.364	36.013	50822.9	0.4447	0.2764
	资本密集型	116.06°E，38.82°N	82.274	209.066	0.394	32.799	54029.8	0.4097	0.2730
	技术密集型	116.19°E，39.07°N	74.288	156.697	0.474	33.362	36566.3	0.6005	0.5090
2015	污染行业	116.47°E，38.97°N	87.063	206.107	0.422	37.530	56366.8	0.3842	0.2743
	采掘业	116.50°E，38.83°N	76.797	255.920	0.300	33.835	61730.4	0.3256	0.2826
	劳动密集型	116.07°E，38.76°N	74.310	213.600	0.348	38.569	49856.8	0.4553	0.3048
	资本密集型	116.28°E，38.59°N	73.106	237.013	0.308	36.145	54422.8	0.4054	0.2791
	技术密集型	116.09°E，38.78°N	74.049	205.830	0.360	31.819	47874.8	0.4770	0.3324

在空间差异系数上，如表6-8 所示，京津冀地区各类型子行业与雾霾污染的空间差异主要以西南—东北方向的差异为主，且空间差异系数较小。雾霾污染行业、采掘业、技术密集型行业的空间差异系数从 2000 年的 0.3042、0.4361、0.5090 下降到 2015 年的 0.2743、0.2826、0.3324，说明随着时间推移，这些行业与京津冀地区雾霾污染的空间差异越来越小；劳动密集型行业和资本密集型行业的空间差异系数从 2000 年的 0.2764、0.2730 小幅上升为 0.3048、0.2791，由此可见，京津冀地区通过产业结构转型和升级来缓解雾霾污染任重而道远。

各类型子行业在时空格局的演化上，2000—2015 年间京津冀地区各类型子行业总体呈西南—东北方向的空间分布特征，空间格局在西南—东北方向上变化较明显。从空间重心转移变化来看，采掘业向东北方向转移明显，其他类型子行业总体向南部地区偏移；在空间分布范围的变化上，劳动密集型行业空间分布范围略有缩小，其他各类型子行业均呈扩大趋势，尤其是技术密集型行业空间范围扩大迅速，这也与京津冀地区产业结构调整方向一致；在分布方向的变化上，采掘业和技术密集型行业的方位角 θ 减小，向西北方向移动，雾霾污染行业、劳动密集型行业、资本密集型行业方位角 θ 增大，向东南方向偏移；在分布形态的变化上，各类型子行业在长轴的长度均增加，资本密集型行业和劳动密集型行业在西南—东北方向上的拉动作用增加明显，采掘业短轴长度增加，在西北—东南方向上呈扩张趋势，其他类型子行业在西北—东南方向上均呈收缩趋势；从形态指数来看，采掘业形态指数从 0.235 增长至 0.3，其他类型子行业形态指数均呈下降趋势。

6.3.2 京津冀地区人口的空间集聚与演变

以城市空间足迹为参照对象，如表 6-7 所示，京津冀地区人口空间集聚度呈下降趋势，由 2000 年的 0.324 下降到 2015 年的 0.2；2000—2015 年间，京津冀地区人口特征椭圆的长短轴长度及面积均呈上升趋势，椭圆的形状更接近圆一些，以上特征均表明京津冀人口在空间格局上呈扩散趋势。从人口密度的增长率来看，北京、廊坊、石家庄、邯郸等地区人口密度增长较快，张家口、承德等地区为人口密度增长缓慢地区。从人口空间集聚趋势和人口密度的空间分布来看，京津冀地区人口扩散的方向与展布基本与雾霾污染扩散方向和展布一致。

京津冀人口空间格局基本呈西南—东北方向分布特征。京津冀地区人口在时空格局的演变上主要有以下规律：从空间重心变化来看，人口重心总体向西南方向偏移，向西位移 19.8 千米，向南位移 43.8 千米，由廊坊地区转移到沧州地区；从分布范围的变化来看，京津冀地区人口分布范围呈明显扩大趋势；从空间分布方向变化来看，方位角 θ 呈下降趋势，向西北方向偏移，呈逆时针变动；从空间分布形状变化来看，京津冀地区人口特征椭圆的长轴在西南—东北方向上扩张趋势明显，短轴在西北—东南方向上略有扩张，扩张趋势不明显，说明京津冀地区人口的扩张主要是由于其在西南—东北方向上的拉动作用造成，长短轴差异值及面积均呈增大趋势；形状指数下降，人口的特征椭圆更加扁化，空间集聚程度呈下降趋势。

从三大城市群人口时空格局演变的比较来看，如表6－6所示。三大城市群人口的空间分布均与雾霾污染和产业的空间分布格局一致，京津冀城市群人口呈西南—东北方向分布，长三角城市群呈西北—东南方向分布，珠三角城市群大致呈东—西方向分布。在空间重心的变化上，京津冀城市群向西南方向转移；长三角城市群人口重心在苏州地区，且向西北内陆转移；珠三角城市群人口沿西南方向转移，重心由东莞转移到广州。在空间分布范围的变化上，京津冀、长三角、珠三角城市群人口的特征椭圆面积均呈扩大趋势，京津冀和长三角特征椭圆长短轴的长度均增加，珠三角城市群收缩趋势明显。在空间形态的变化上，京津冀城市群人口特征椭圆的长短轴均向外拉动；长三角城市群人口方位角呈上升趋势，且向北的拉动作用更明显；珠三角城市群人口特征椭圆的x轴长度略有下降，y轴长度大幅增加，使得人口特征椭圆的长短轴发生转变，由沿南—北方向转为沿东—西方向延展。在空间集聚程度的变化上，三大城市群的人口的空间集聚程度均呈下降趋势。

6.3.3　京津冀地区雾霾污染与产业、人口的空间差异

选取京津冀地区2000年、2004年、2008年、2012年和2015年雾霾污染的PM2.5、第二产业、城镇人口等相关数据，使用ARCGIS10.2软件中的空间统计分析和空间叠加分析，根据空间差异系数的测度公式，分别测算出这五年的雾霾污染与产业、雾霾污染与人口之间的空间差异系数，结果如表6－9所示。

表 6-9　　京津冀地区雾霾污染与产业、人口的空间差异系数

年份	2000	2004	2008	2012	2015
雾霾—产业	0.285	0.310	0.307	0.327	0.295
雾霾—人口	0.381	0.372	0.332	0.344	0.136

2000—2015 年间，京津冀地区雾霾污染与第二产业的空间差异系数整体表现出增大趋势，2008 年略有波动，产业的不平衡性增加，2012 年达到 0.327；雾霾污染与人口的空间差异系数整体表现出减小趋势。雾霾污染与产业和人口的空间差异系数均小于 0.4，产业与人口的集聚对于雾霾污染的影响较大，且雾霾与产业的空间差异系数整体小于雾霾污染与人口的空间差异系数，雾霾污染与产业在空间上的一致性更高，但两者的差异呈逐渐缩小趋势。

6.4　本章小结

本章在前两章分析京津冀雾霾污染与产业结构、城镇化水平之间存在相互的双向作用机理及空间效应的基础上，选取 2010—2015 年数据，选择并构建指标体系，使用数据包络法（DEA）对京津冀地区环境效率和雾霾污染的治理效率进行了测度，然后使用标准差椭圆法（SDE）进一步分析近年来京津冀地区雾霾、产业结构及人口的空间集聚状况及时空格局的演变规律，并对三大城市群进行了对比。主要结论如下：

（1）京津冀地区环境效率整体不高，地区间不平衡

京津冀地区整体环境效率较低，且呈现出下降趋势，2014 年达到最低，2015 年略有好转，与政府出台的一系列环境政策有关。从京津冀地区内部来看，地区间不平衡，差异较明显，天津、唐山两市环境效率较高，其次为秦皇岛、衡水、保定、廊坊、沧州等市，张家口市环境效率最低；与京津相比，河北省各地级市环境效率下降趋势明显。从三大城市群对比来看，京津冀城市群与长三角城市群的环境效率差异不明显，但明显弱于

珠三角城市群。

（2）京津冀地区雾霾污染治理投入产出比整体呈下降趋势

京津冀地区的雾霾污染治理效率在全国范围内偏低，京津冀三省中河北省的雾霾污染治理效率最高，其次为北京市，天津市最低；2013 年后京津冀三省的雾霾污染治理效率值均呈不断下降趋势，雾霾污染治理的投入产出比下降，且河北省与京津两地的雾霾污染治理效率值差距不断拉大。从三大城市群对比来看，京津冀地区雾霾污染治理效率投入产出低于其他两个城市群，无法与该区域经济增长相匹配，经济增长仍具有粗放型特征。

（3）京津冀地区雾霾、产业、人口空间集聚特性明显，时空格局演变具有一致性

从京津冀地区雾霾、产业和人口的空间集聚和时空格局的演变来看，可以发现：①京津冀地区雾霾污染具有较明显的空间集聚特征；京津冀雾霾污染空间分布呈“东北—西南”方向的格局，空间重心沿西南方向扩散移动；空间分布范围上呈逐年扩大趋势；在空间分布方向上向西北方向偏移；在分布形态上西南方向向邯郸方向拉长，东北方向向唐山方向拉长；总体呈西南—东北延展的空间分布特征。②在环境效率上，京津冀东南部地区环境效率有所提高，且在空间上呈不断收缩趋势；2011 年后空间集聚程度下降，沿东北地区向京津唐地区集中，西南地区环境效率值有所下降，说明京津唐方向的投入产出比有所增强；在雾霾污染治理效率上，京津冀地区空间集聚性变弱，说明其在雾霾污染治理的联防联控方面有待进一步加强。③在产业的空间分布上，京津冀地区第二产业与雾霾污染的偏移方向大致相同，第三产业与雾霾污染扩散反向相反，说明京津冀地区应继续大力发展第三产业；从各子行业的空间状况来看，雾霾污染行业、采掘业、资本密集型行业则转为离散型空间集聚发展模式，劳动密集型行业和技术密集型行业仍呈集中化空间集聚发展模式，表明其时空演化规律与京津冀产业转移方向一致；同时京津冀地区各类型子行业与雾霾污染的空间差异系数较小，表明京津冀地区通过产业结构转型和升级缓解雾霾污染任重道远。④在人口的时空分布上，京津冀地区人口空间集聚度下降且在

空间格局上呈扩散趋势，其扩散的方向与展布基本与雾霾污染扩散方向和展布一致。

以上结论表明，京津冀地区产业结构和人口的空间分布及时空格局的演化规律与雾霾污染基本一致，同时三大城市群在雾霾、产业和人口的空间分布及时空格局演化具有各自特征，在统筹区域经济发展时，京津冀地区要考虑到自身产业和人口的空间布局特征及时空演化规律。

第7章

京津冀地区生态与产业和谐共生的样板城市——雄安新区

7.1 雄安新区的基本情况与发展定位

7.1.1 雄安新区的基本情况

2017年4月1日，中共中央、国务院印发通知，决定设立国家级新区河北雄安新区。设立雄安新区，是党中央作出的一项重大的历史性战略选择，也是为了深入推进京津冀协同发展作出的重要决策。雄安新区包括雄县、容城县、安新县三县及周边部分区域，地处京津冀腹地，具有显著的区位优势，且资源丰富，开发程度低，发展空间巨大。雄安新区的设立，对于疏解北京非首都功能，调整优化京津冀城市布局和空间结构，培育新的发展引擎和新的经济增长极，具有重大意义。

雄安新区地理位置优越，气候宜人，境内自然资源丰富，拥有白洋淀湿地等生态资源，各种矿藏、生物等资源丰富，在建设生态优先、绿色发展的新城区方面具有得天独厚的条件。雄安新区地处京、津、保腹地，起步区面积约100平方千米，中期发展区面积约200平方千米，远期控制区面积约2000平方千米，人口密度为每平方千米1000到1250人左右。根据2020年第七次全国人口普查数据显示，雄安新区常住人口为1205440人。作为北京非首都功能的集中承载地，2019年，雄安新区GDP增速为6%，地均GDP为1.1亿元/平方千米。2020年，雄安新区固定资产投资完成额比上年增长6.6倍。整体来说，雄安新区经济运行良好，大批企业入驻，各类新建项目和续建项目不断持续推进，交通基础设施不断完善，各类产业加速发展，为雄安新区的生态建设、产城融合提供了有利的经济基础。

7.1.2 雄安新区的定位

雄安新区是继深圳经济特区和上海浦东新区之后又一具有全国意义的

新区。规划雄安新区要坚持世界眼光、国际标准、中国特色、高点定位，坚持生态优先、绿色发展，坚持以人民为中心、注重保障和改善民生，坚持保护弘扬中华优秀传统文化、延续历史文脉。雄安新区的定位就是要建设绿色生态宜居新城区、创新驱动发展引领区、协调发展示范区、开放发展先行区，努力打造贯彻落实新发展理念的创新发展示范区。从雄安新区的定位来看，雄安新区致力于打造“绿色生态宜居新城区、创新驱动发展引领区、协调发展示范区、开放发展先行区”，努力打造贯彻落实新发展理念的创新发展示范区。因此，打造绿色生态宜居新城区是雄安新区的首要定位。

2018 年 4 月，中共中央、国务院批复的《河北雄安新区规划纲要》中提到：“设立河北雄安新区，是以习近平同志为核心的党中央深入推进京津冀协同发展作出的一项重大决策部署，是重大的历史性战略选择，是千年大计、国家大事。”设立雄安新区，对于疏解北京非首都功能，调整优化京津冀城市布局和空间结构，培育创新驱动发展新引擎，具有重大现实意义和深远历史意义。规划纲要中明确提出雄安新区未来的产业重点是发展新一代信息技术产业、现代生命科学和生物技术产业、新材料产业、高端现代服务业、绿色生态农业，坚持推进产业的数字化、网络化、智能化、绿色化发展。2018 年 12 月，经党中央、国务院同意，国务院正式批复了《河北雄安新区总体规划（2018—2035 年）》，绘制了雄安新区发展的新蓝图；规划紧扣雄安新区战略定位，有序承接北京非首都功能疏解，规划中也提到要打造雄安新区的优美自然生态环境、宜居宜业环境，建设建设绿色低碳之城。2019 年 1 月，《中共中央国务院关于支持河北雄安新区全面深化改革和扩大开放的指导意见》发布，意见中再次提到要把雄安新区打造成推动高质量发展的全国样板，推进生态文明改革创新，建成绿色发展城市典范。2019 年 6 月，《河北雄安新区启动区控制性详细规划》与《河北雄安新区起步区控制性规划》对外公示，强调要将启动区打造成“雄安质量”的样板，到 2035 年，起步区基本建成绿色低碳、节约高效、开放创新、信息智能、宜居宜业、具有较强竞争力和影响力、人与自然和谐共生的高水平社会主义现代化城市主城区，以产业生态领先，高端高新产业引领发展，打造一系列辐射能力强的高端高新产业集群，构建产业协同发展格局。

2021年3月，政府工作报告中首次将“碳达峰、碳中和”的双碳目标写入，2021年10月24日公布的《中共中央、国务院关于完整准确全面贯彻新发展理念做好碳达峰碳中和工作的意见》中提出要推进城乡建设和管理模式低碳转型，将绿色发展贯穿在城乡统筹中；2021年10月25日中共中央办公厅、国务院办公厅印发的《关于推动城乡建设绿色发展的意见》也提出了到2035年“城乡建设全面实现绿色发展，碳减排水平快速提升，城市和乡村品质全面提升，人居环境更加美好，城乡建设领域治理体系和治理能力基本实现现代化，美丽中国建设目标基本实现”。

从雄安新区的定位和已公布的各项相关规划来看，绿色生态始终贯穿其中。雄安新区未来产业的发展和布局离不开绿色生态，生态环境是雄安新区发展的刚性约束条件。坚持生态优先、绿色发展，以改善生态环境质量为目标，推动雄安新区产业生态化和生态产业化的协同发展。

7.2　雄安新区经济、产业结构与城镇化现状

7.2.1　雄安新区经济发展状况

从整体来看，河北省各县市整体人均GDP水平较低，大部分县市低于5万元。人均GDP水平较高的县市主要分布在唐山市曹妃甸及周边县市，其次就是廊坊、石家庄部分县市及沧州黄骅、邯郸武安、任县等县市。雄安新区三县人均GDP水平在河北全省处于较低的水平，分别为1.3万元、2.14万元和1.46万元，其中安新县为全省最低。从城乡人口空间分布来看，河北省大部分县市乡村人口多于城镇人口。其中，廊坊各县市乡村城镇人口比整体较低，最高的为文安县，比例为6.36∶1；保定各县市乡村城镇人口比整体较高，雄安新区三县中的安新县乡村城镇人口比例为全省最

高，达26∶1，容城县和雄县分别为5.83∶1和12.08∶1。由此可见，雄安新区乡村人口比重大，城乡人口比例严重不协调。

如图7－1所示是2013—2019年雄安新区三县城镇和农村居民人均可支配收入的变化情况，其中柱形部分表示城乡的可支配收入情况，直线部分表示雄安新区三县的城乡收入差距情况。

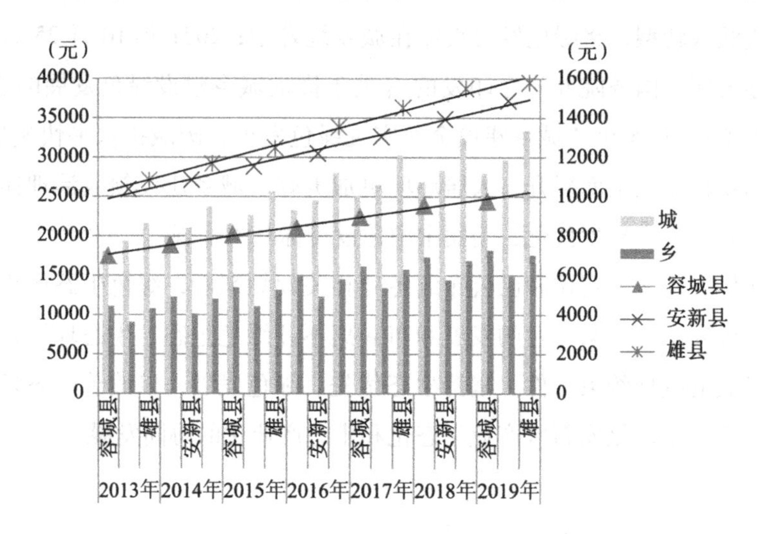

图7－1　雄安新区城乡居民人均可支配收入变化

资料来源：2014—2019年《河北经济统计年鉴》及《2020年河北统计年鉴》。

由图7－1可知，从绝对数量上来说，2013—2019年雄安新区城乡居民可支配收入都呈上涨趋势，容城县的城、乡居民人均可支配收入的涨幅分别为54.5%和63.96%，安新县城、乡居民人均可支配收入的涨幅分别为53.13%和64.16%，雄县城、乡居民人均可支配收入的涨幅分别为54.25%和62.99%。可见，随着经济的发展，雄安新区城乡居民的生活水平都有所提高，且雄安新区农村的人均可支配收入增速要大于城镇增速。相比较而言，雄安新区农村居民的收入一直低于城镇居民。但从城乡收入差距来看，2013—2019年，雄安新区三县的城乡居民可支配收入的差距是逐年扩大的，从图7－1中直线部分显示出雄安新区三县的城乡居民可支配收入差距呈直线上升趋势，说明雄安新区的城乡差距有扩大趋势。虽然在收入总量上涨幅较大，但是由于传统产业的局限、资源环境等因素的限制，雄安新区城乡整体上经济发生水平仍比较低。

接下来进一步使用夜间灯光数据考察了雄安新区的经济变迁过程。夜间灯光数据更能体现一地区的经济发展质量水平，在反映一地区的工业生产、商业活动和能源消费等方面上更具优势。本研究使用的夜间灯光遥感数据来源于美国新一代国家极轨卫星搭载的可见光近红外成像辐射（VIIRS）数据，并使用 Arcgis10.2 软件进行栅格化提取处理，并运用一定的方法对夜间灯光影像数据进行校正，得到最终的数据集。使用 Arcgis10.2 软件对平均灯光值进行色彩渲染并进行可视化，考察其时空变化。

从保定地区 2013 年、2015 年和 2019 年的灯光平均值的空间状况分布来看，保定地区的平均灯光值上升趋势明显，南部地区和东南部地区上升趋势尤为明显，说明 2013—2019 年保定地区的整体经济质量发展水平有了显著提升。保定市竞秀区和莲池区两个区始终位于保定市经济发展的首要地位，安国市近年来经济发展水平提升较快，徐水区和定州市经济发展水平上升趋势也比较明显。

从雄安新区的夜间灯光数据年均值的空间分布来看，2013—2019 年雄安新区三县灯光数据值呈上升趋势。这说明容城县、安新县、雄县三县的经济发展质量水平明显提升，特别是在 2017 年雄安新区设立后，经济发展质量水平大幅增加。主要的原因就是雄安新区设立后，作为北京非首都功能的疏解地，大批高标准高质量高效率的工程项目、交通新基建重点工程等落地雄安新区，大批科技创新、信息技术类、高端制造业等企业入驻，数字产业、智慧经济等的兴起为雄安新区的发展注入了新鲜血液。同时，生态治理成果比较显著，新建大批绿地公园。通过这些项目的建成和实施，雄安新区产业结构不断优化升级、生态环境不断改善，促进经济的高质量发展。

7.2.2　雄安新区产业结构现状

从河北省全省来看，第二产业占比比较高的地区主要集中在唐山、邢台、邯郸等部分县市，雄安新区安新县、容城、雄县三县的第二产业占比分别为38.36%、39.2%、41.41%。河北省第三产业占比较高的县市主要集中在石家庄、张家口、廊坊等地，雄安新区三县的第三产业比重不高，分别为48.65%、49.98%、46.74%，在全省处于中等水平。雄安新区第一产业比重较高，第二产业以传统的劳动密集型产业为主，如玩具、塑料包装、服装、制鞋业等为主，特别是安新县依托域内白洋淀湿地，近年来大力发展现代产业园区、物流等第三产业。由此可见，雄安新区产业结构失衡，且传统行业占比较大。随着雄安新区一系列项目的落成及高新技术的引进，为雄安新区产业结构合理化和高级化打下了良好的产业基础。

7.2.3 雄安新区城镇化发展

城镇化率反映了一个区域的城镇和农村人口的比重及一地区经济发展的状况，也在一定程度上反映了一地区的城乡发展的程度。如图7-2所示是2014—2019年雄安新区三县的城镇化率水平。

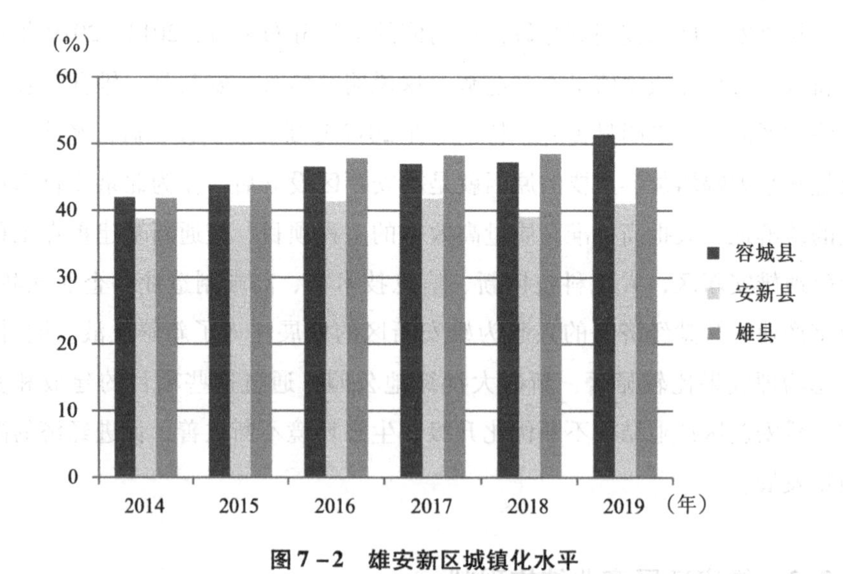

图7-2 雄安新区城镇化水平

资料来源：2015—2019年《河北经济统计年鉴》及《2020年河北统计年鉴》。

从图7-2可以看出，近几年雄安新区的城镇化水平发展迅速，大致呈稳步上升趋势，非农人口比重整体不断提升。容城县 2014 年城镇化率为 41.97%，2019 年提升至 51.4%，低于 2019 年河北省整体 57.6% 的城镇化率水平。2014—2019 年，安新县的城镇化率由 38.8% 提升至 41%，雄县的城镇化率由 41.86% 提升至 46.5%。由此可以看出，雄安新区的城镇化率水平普遍较低，2018 年和 2019 年安新县和雄县的城镇化率水平甚至出现下降的情况，可能的原因是 2017 年雄安新区成立后户籍制度的限制措施，阻碍了人口向城镇的流动。

7.2.4　雄安新区生态环境

雄安新区自然资源丰富，湿地面积为 194 平方千米，林地面积占地 98 平方千米。雄安新区设立后，林地面积增加约 58.1 平方千米，草地面积增加约 2.0 平方千米，耕地面积减少 68.8 平方千米，建设用地增加 7.2 平方千米，水质逐渐好转，湿地资源、地热等资源蕴藏丰富，对 CO_2 减排具有重要作用。雄安新区现有生态环境承载力强，开发程度较低，具有很大的发展空间。

如图 7－3 所示是近年来雄安新区 PM2.5 和 CO_2 排放量的变化趋势图。柱形图表示雄安新区三县的 PM2.5 数值，折线表示雄安新区三县的 CO_2 排放量。PM2.5 的数据来源同上文，CO_2 排放量的数据来源于美国国家地球物理数据中心（NGDC），使用 Arcgis10.2 软件进行提取处理。从整个河北省来说，雄安新区三县的 PM2.5 数值并不算很高。从雄安新区来看，2013—2018 年雄安新区三县的 PM2.5 数值逐年下降，特别是 2015 年之后，下降趋势明显，说明雄安新区雾霾污染改善显著。其中，2013 年雄县的雾霾污染在三县中最严重，到 2018 年雄县雾霾污染已成为三县中程度最轻的，至 2018 年，雄安新区三县雾霾污染程度大体一致。从 CO_2 排放量来看，雄安新区三县中容城县的 CO_2 排放量最低；2013—2018 年雄县和安新县的 CO_2 排放量大致呈上升趋势，且远高于容城县 CO_2 排放量。

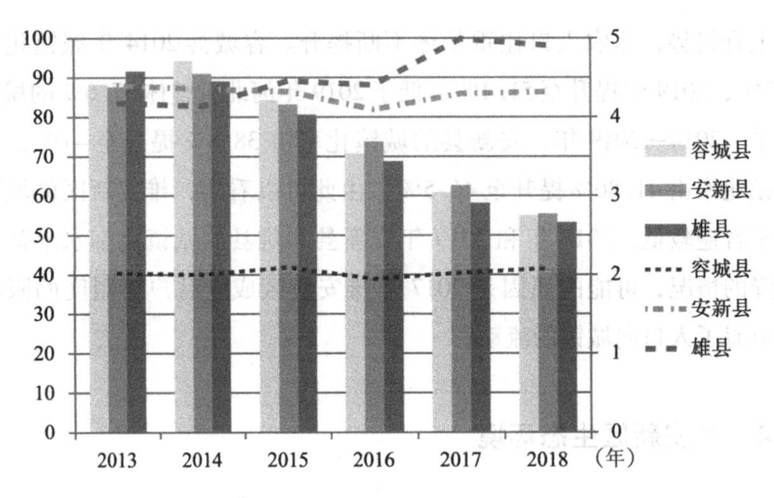

图7-3 2013—2018年雄安新区PM2.5和CO_2排放量

7.3 雄安新区生态环境与产业共生发展程度

7.3.1 雄安新区生态环境与产业共生指标体系构建

(1) 雄安新区生态环境与产业共生指标体系构建原则

生态环境与产业共生发展是一个复杂的系统工程，并且是一个动态的过程。雄安新区的生态环境与产业共生发展旨在建成一个绿色生态宜居新城区、创新驱动发展引领区、协调发展示范区、开放发展先行区。因此，雄安新区的生态环境与产业共生发展是促进雄安新区建成区内各种要素流动，生态环境良好，高端高新技术产业集聚，交通网络快捷高效的绿色智慧新城。

雄安新区生态环境与产业共生指标体系的构建遵循全面性、科学性、系统性与可获得性的原则，充分体现雄安新区生态环境与产业共生发展程度，衡量雄安新区生态环境与产业共生发展水平。未来的雄安是一个以人为本的、信息智能、绿色低碳的典范之城。因此，要全面地选择相关指标，体现雄安新区生态环境与产业共生的真实水平。在共生理论的基础上，构建两级指标体系，从产业、生态等方面反映雄安新区生态环境与其他方面共生发展的逻辑关系。同时，还要考虑到数据获取的科学性和来源的可靠性。

（2）数据来源

鉴于县级数据的局限性及可获性，本研究共涉及五个一级指标，18个二级指标，数据来源于2014—2019年《河北经济统计年鉴》《河北农村统计年鉴》《保定经济统计年鉴》《中国县域经济统计年鉴》。其中，灯光数据来源与上文相同；PM2.5数据来源于达尔豪斯大学大气成分分析组，使用Arcgis10.2软件进行栅格处理，与雄安新区三县市相匹配后得出，数据的精准度较高；CO_2排放量数据来源于美国国家地球物理数据中心（NGDC），同样使用Arcgis10.2软件进行提取处理。

具体指标情况如表7-1所示。

表7-1 雄安新区城乡融合评价指标体系

目标层	要素层	指标说明和解释	单位	
产业	夜间灯光数据	反映经济质量发展水平		正
	第三产业占比	第三产业产值/地区生产总产值	%	正
	第二产业占比	第二产业产值/地区生产总产值	%	负
	城乡二元结构对比指数	（第一产业产值/第一产业从业人员）/（第二、第三产业产值/第二、第三产业从业人员）	%	正
	进出口总值	进口总额+出口总额	万美元	正
	农业产业化经营率	反映农业的现代化发展水平	%	正
城镇化	城镇化率	城镇人口/总人口	%	正
	城乡从业人员之比	全社会城镇从业人员/乡村从业人员	%	负
	城乡人口密度之比	城镇人口密度/农村人口密度	%	负
社会	城乡人均社会消费品零售额	全社会消费品零售额/总人口数	万元	负
	城镇基本养老保险参保人数	反映城乡社会保障指标	人	负
	城乡居民人均可支配收入比	城镇居民人均可支配收入/农村居民人均可支配收入	%	负
	互联网宽带接入用户	反映城乡科技发展程度指标	户	正

续表

目标层	要素层	指标说明和解释	单位	
生态	PM2.5	PM2.5 的浓度值	$\mu g/m^3$	负
	CO_2	CO_2 排放量	t	负
	能源消费量	城乡能源综合消费量	吨标准煤	负
空间	城市空间扩张	农作物播种面积/建成区面积	%	正
	平均公路网密度	公路运营里程/区域土地面积×100	KM/百万千米	正

7.3.2 雄安新区生态环境与产业共生程度测算

(1) 研究方法介绍

本书在借鉴曹贤忠（2014）、蔡玉胜（2018）、崔格格等（2021）文献的基础上，选取熵值法对雄安新区生态环境与产业共生程度进行测度，力求客观准确地衡量雄安新区生态与产业、城镇化等方面共生融合的真实情况。熵的概念来源于物理学中的热力学，熵值越大，表明热力系统中的能量可利用程度越低，反之，则越高。将熵值的概念引入信息评价后，熵值越大就表示信息的无序度就越高，信息的效用值就越低。具体步骤如下：

①构建原始数据矩阵。样本数据由 m 个地区［M＝（1，2，3，…，m)］，n 个评价指标［N＝（1，2，3，…，n)］构成的原始数据矩阵，该矩阵由 X 表示。具体表现形式如下：

$$X = \begin{bmatrix} x_{11} & x_{1j} \\ x_{i1} & x_{xi} \end{bmatrix}_{m \times n} (i \in M, j \in N) \quad (7-1)$$

②对数据进行正向和标准化处理。本研究数据采取极差法进行处理。其中，正向指标的处理方法如下：

$$A_{ij} = \frac{x_{ij} - \min(x_{ij})}{\max(x_{ij}) - \min(x_{ij})} \quad (7-2)$$

负向指标的处理方法如下：

$$A_{ij} = \frac{\max(x_{ij}) - x_{ij}}{\max(x_{ij}) - \min(x_{ij})} \quad (7-3)$$

③计算比重。

$$P_{ij} = \frac{A_{ij}}{\sum_{1}^{m} ij} \tag{7-4}$$

P_{ij}表示样本 i 中第 j 个指标的比重。

④计算熵值e_j。

$$e_j = -K\sum_{i=1}^{m} p_{ij}\ln p_{ij} \quad (0 < e_j < 1) \tag{7-5}$$

其中 $K = \frac{1}{\ln m}$，m 表示样本地区数量。

⑤计算差异性系数、确定指标权重。

$$d_j = 1 - e_j \tag{7-6}$$

$$w_j = \frac{d_j}{\sum_{j=1}^{n} d_j} \tag{7-7}$$

⑥计算综合权重。

$$S_i^k = \sum w_j^k x_{ij}^k \tag{7-8}$$

S_i 表示最终综合得分。

根据上述研究方法、指标体系及数据，测算出雄安新区的生态环境、产业与城镇化共生发展水平。具体结果如表 7 -2 所示。

表 7 -2　2013—2018 年雄安新区生态—产业—城镇化共生发展水平

地区	2013 年	2014 年	2015 年	2016 年	2017 年	2018 年
容城县	0. 3628	0. 4382	0. 4608	0. 4669	0. 4266	0. 3720
安新县	0. 3397	0. 4321	0. 4948	0. 4359	0. 3611	0. 2822
雄县	0. 3475	0. 3962	0. 4499	0. 4531	0. 3723	0. 3614

从表 7 -2 结果来看，雄安新区生态环境、产业与城镇化的共生发展水平整体不高，并呈现出先上升后下降的发展趋势。从保定各县市的生态—产业—城镇化的共生发展水平来看，2018 年最高的是蠡县，为 0. 5151，因此目前雄安新区在保定地区乃至整个河北省处于比较低的共生水平上。自 2015 年之后三县内部共生发展水平出现分化，容城县和安新县呈持续下降趋势，且安新县下降趋势较快，2018 年生态环境、产业与城镇化的共生发

展水平下降至0.3以下，为0.2822；而雄县则在2015年之后出现短暂上升趋势。出现这种现象可能的原因：一是2015年之后河北省对于雾霾污染治理加大力度；二是雄安新区设立后开始进入全面建设阶段。

为了更加全面地考察雄安新区各方面的和谐共生发展状况，在生态环境、产业与城镇化指标体系的基础上，增加了社会和空间两个一级指标，具体如表7－1所示。使用同样的方法测算出雄安新区五个维度的共生发展水平，结果如表7－3所示。

表7－3　　2013—2018年雄安新区五个维度的共生发展水平

地区	2013年	2014年	2015年	2016年	2017年	2018年
容城县	0.4172	0.4517	0.4709	0.4725	0.4584	0.4172
安新县	0.3887	0.4294	0.4693	0.4268	0.3826	0.3117
雄县	0.4086	0.4374	0.4781	0.4791	0.4109	0.3932

从表7－3结果来看，增加社会和空间指标之后，雄安新区生态环境与其他方面的共生发展水平整体发展趋势与生态—产业—城镇化三者的共生发展趋势趋同，均呈先上升后下降趋势，但整体水平明显提高。相较于保定地区的涿州市、定州市等共生水平较高的县市，2013—2018年，雄安新区生态环境与其他方面的共生发展水平均在0.3以上，在整个保定地区位于比较低的水平。2015年前后雄安新区五个维度的共生发展水平出现分化。容城县的生态环境与其他方面的共生发展水平一直在雄安新区中保持较高的水平。

从以上分析可以看出，当前雄安新区的生态环境与其他方面的共生发展水平在保定市乃至整个河北省还处于比较低的水平，未来还有很大发展空间和潜力。雄安新区发展的任务之一就是“打造优美生态环境，构建蓝绿交织、清新明亮、水城共融的生态城市”。因此，在生态建设方面，雄安新区还有很长的路要走。

7.4　雄安新区生态、产业共生融合发展路径

7.4.1　促进经济高质量发展，加快产业融合

经济发展是生态环境与产业、城镇化共生融合的基石。作为北京非首都功能疏解的承载地，承接了北京的信息技术、生物技术、高端装备制造、新能源等高端高新产业，是京津冀经济发展的新的增长极，推动京津冀协同发展。由于雄安新区的经济薄弱，城乡经济割裂，因此必须要加快经济体制改革、加大投资、扩大开放程度，加强京津冀内的区域合理分工与合作，同时加强与长三角、珠三角等区域的交流和合作，学习国内外的先进经验，打造对外开放的高地，不断缩小雄安新区内部之间的经济差距。

雄安新区必须以高标准建设，加快产业转型。雄安新区要做好高端高新产业的选择，要从城乡互补、城乡共生的角度，对纺织服装业、纸塑包装、电器电缆、乳胶制品等传统产业进行改造、实现质量升级的同时，选择区域协调性强的高端高新产业，致力于打造一大批集技术、创新等为一体的产业集聚区，培育壮大高新高端产业。不断缩小雄安新区内部之间的经济差距，实现雄安新区在经济和产业上的融合发展，探索出一条集约、高效的高质量产业发展之路，提升高端第二、第三产业对雄安城乡融合的贡献率，促进一二三产业的融合。

与此同时，当前新型冠状肺炎疫情全球肆虐，国家间贸易摩擦不断加剧，逆全球化思潮盛行。面对如此复杂的国际国内大环境，再结合当前我国构建国际国内“双循环”的新发展格局的新形势，雄安新区在发展高端高新产业时要注重核心技术的掌握，努力解决当前主导产业与雄安新区定位不符的问题，在全球产业链条中不断向中高端攀爬，努力延长农产品产

业链条，形成雄安新区城乡之间产业链条的互补，发挥城市优势，补足农村短板。同时，结合雄安新区当地的特色，发展特色农业、休闲旅游、特色小镇等，实现农业产业的生产、经营现代化、信息化、科技化以及多元化，从而促进产业融合发展。

7.4.2 破解城乡二元结构，构建雄安新区各维度共生的科技支撑体系

目前，雄安新区各维度共生融合发展的最大阻碍就是城乡二元结构。一方面，雄安新区疏解北京非首都功能，首先要疏解的就是北京市的人口问题，缓解人口压力。随着雄安新区建设的不断推进，一大批科研院所、高等院校、事业单位、高科技企业等逐渐搬迁到雄安新区，一方面要做好这部分人才的安置工作，提供人才政策支持和相关服务配套；另一方面，雄安新区三县自身城镇化水平不高，农村人口比重较高，城乡矛盾突出。因此，必须要改革户籍制度，促进农村人口向城市的流动和集聚，同时还要避免乡村衰退问题，打破城乡之间的壁垒，改变旧的城乡关系，消除城乡不平衡，形成新型工农城乡关系、建设美丽乡村。破解城乡二元结构难题，统筹城乡关系，建立更加开放包容的城乡二元结构，促进雄安新区城镇化质量的不断提高。

将雄安新区打造成创新驱动发展引领区、开放发展先行区就必须以科技驱动先行，以科技驱动促进雄安新区各维度的共生发展。先进科学技术的引进和使用是造成雄安新区各维度发展不平衡的最根本原因。因此，在发展雄安新区经济上，必须大力吸纳和集聚创新要素，引进互联网技术、现代农业先进技术，努力缩小雄安新区城乡之间的差距，推动城乡的均衡发展。与此同时，还要以科技创新推动传统产业的优化升级，促进农村产业的现代化，以扩大内需为契机，进一步扩大农村市场和农村需求，以科技创新为动力构建雄安新区城乡的现代产业体系，推动雄安新区生态文明建设，将科技创新贯穿雄安新区生态环境与其他维度共生发展的方方面面。

雄安新区作为“全球创新高地”，科技驱动是推进雄安新区发展的重

要支撑，因此要构建促进雄安新区发展的科技支撑体系。充分利用国内外资源，培育农村创新发展的新动力，创新生态环境与产业共生、产城融合发展的模式。

7.4.3　加快雄安新区社会维度的共生融合，促进城乡服务均等化

雄安新区社会保障及公共服务方面上的不平衡也导致了雄安新区各维度共生发展程度的差异，甚至近年来雄安新区城乡之间在社会维度方面的差距是有拉大趋势的。城乡公共服务一体化是乡村振兴战略的重要方面，因此必须要统筹雄安新区公共资源的配置，建立城乡统一的标准，既要采取措施引导资源向乡村的流动，又要借鉴城市的先进经验，全面统筹城乡公共服务，缩小城乡之间因为制度、壁垒等问题出现的差距。雄安新区高起点、高标准地建设公共服务是吸引高端人才的重要前提。

完善雄安新区城乡社会保障体系，加强雄安新区在医疗、教育、公共文化等领域与京津等地的合作，实现与京津等地城乡服务的均等化，从而增强雄安新区的承载力、集聚力和吸引力。在农村医疗机构、农村学校教育、农业人员养老等方面加大投资和补贴，改变乡村社会保障体系和机构设施落后的情况。提高农村人员的参保率，改革完善医疗保险制度，加大对农村在社会保障方面的政策倾斜；与京雄、津雄之间形成各种教育联盟、基地，积极推进各种公共服务平台的建设；加大对返乡人员再就业的培训，提高农业人员的文化知识水平和职业技能，构建农民工再就业信息系统，完善各种就业信息，加大对乡村创新创业的扶持力度。努力缩小乡村与城市公共服务之间的差距，提升乡村人口素质和技术水平，提高农村技术人员比重，尽可能缩小因为人口规模增大所带来的一系列社会问题，建立城乡之间公共服务的共享机制，促进雄安新区社会维度与生态环境等其他维度更好地共生发展。

7.4.4　改善雄安新区生态，促进绿色发展

早在 2005 年，习近平总书记就提出了“绿水青山就是金山银山”的

科学论断。乡村生态关系我国经济发展质量，也关系到我国美丽乡村的建设。雄安新区生态环境目前还处于改善建设中，因此必须采取措施提升生态环境对与产业等的共生融合的贡献率。雄安新区必须要警惕走回“先发展后治理”的老路，全面贯彻生态优先、绿色发展的理念。雄安新区作为绿色生态宜居新城区，自设立以来开展实施了农村生活污染综合治理、环境综合治理、打造万余亩生态游憩林等一系列项目，助力雄安成为天蓝、地绿、水秀的美丽家园和全国的生态标杆。与此同时，加强雄安新区生态建设的制度保障，加大对白洋淀等生态环境的治理和保护，构建创新生态保护修复治理体系和创新生态文明体制机制，建立多样化的生态补偿机制，加大对环境破坏的惩罚力度，引领示范全国绿色城市建设发展。

另外，构建和谐的乡村文化体系，倡导乡村文明新风。随着农村经济的发展，乡村的物质生活有了极大提高，城乡之间要素流动和资源配置更加合理，农村消费需求和消费市场不断扩大。先进的技术、人才、管理理念向乡村的注入也要求乡村不断提高乡村文明建设，养成科学文明的生活方式，形成的积极、健康、向上的文化内涵、社会风气和精神面貌，培育雄安新区新型农村和新型农民，努力缩小农村与城市在文化、生态方面差异。

绿色发展是雄安新区乡村振兴和经济高质量发展的必然结果，也是实现人与自然和谐相处的必然结果。促进雄安新区资源环境的可承载能力，打造成区域协调发展示范区，增强对京津冀其他地区的辐射带动作用。

7.4.5 拓展城市空间，打造绿色智能交通系统

雄安新区的城乡空间布局为“一主、五辅、多节点”，城市空间的扩张，促进了城乡与土地、交通的融合。截至 2021 年 10 月，雄安新区推进 177 个重点项目的实施，这些项目涉及基础设施建设、数字城市、商业办公、交通设施等领域，以高标准高质量体现出“雄安质量”，以“绿色、

现代、智慧”理念促进雄安新区数据共享、信息融合。构建绿色市政基础设施体系，应用大数据、物联网等发展智慧城市、数字城市，探索城市治理管理的新模式，助力雄安新区打造“智慧未来城”。

进一步完善京津冀区域高速铁路网结构。以交通网络为载体，融合城市功能，加快各种要素的流动，促进雄安新区的产业融合、创新融合、产城融合。目前，雄安新区已形成雄安新区“四纵三横”高速公路网，京雄高速、京德高速等均已建成通车。在现有交通网络的基础上，引进新技术、新装备，打造绿色智能交通系统，并且与京津相互衔接，从而提高雄安新区对周边地区的辐射能力，形成雄安新区空间维度与生态环境等的共生融合发展。

7.5　本章小结

本章主要分析了京津冀城市群生态环境与生态与产业和谐共生的样本城市——雄安新区。对雄安新区的设立、产业、人口、生态环境等现状进行了概述和分析，在此基础上，构建了产业、人口、生态、社会、空间五个维度的指标体系，使用熵值法对五个维度的共生发展水平进行了测度，最后提出了雄安新区生态环境与产业、人口和谐共生的发展路径。得出以下结论：

①目前雄安新区城乡发展不平衡，经济发展质量显著提高，雄安新区三县产业结构中传统产业占比较大，且第三产业比重不高，在全河北省处于中等水平；近几年雄安新区的城镇化水平发展迅速，大致呈稳步上升趋势，非农人口比重整体不断提升。

②雄安新区现有生态环境承载力强，开发程度较低，具有很大的发展空间。雄安新区三县的PM2.5数值逐年下降，特别是2015年之后下降趋势明显，雄安新区雾霾污染改善显著。

③雄安新区生态环境、产业与城镇化的共生发展水平整体不高，并呈

现出先上升后下降的发展趋势。增加社会和空间指标之后，雄安新区生态环境与其他方面的共生发展水平明显提高。

以上结论表明，当前雄安新区的生态环境与其他方面的共生发展水平虽然有了很大提高，生态环境有了很大改善，但在保定市乃至整个河北省还处于比较低的水平，未来还有很大发展空间和潜力。

第 8 章

主要结论与政策建议

8.1 主要结论

京津冀协同发展已进入全面实施、加快推进阶段，特别是在2017年中共中央、国务院印发通知，决定设立河北雄安新区，旨在集中疏解北京非首都核心功能，雄安新区的设立有利于缓解北京“大城市病”，促进京津冀协同发展战略更深层次的发展；2017年习近平同志在党的十九大报告中明确提出加快生态文明体制改革，建设“美丽中国”。推进生态文明建设，促进经济集约化发展，是全面建设小康社会的迫切需要，是确保经济可持续发展的必然选择，是人与自然和谐发展的必然要求。京津冀地区雾霾污染的频繁发生昭示了生态文明建设的紧迫性，因此在现阶段认识雾霾污染的成因，考察雾霾污染与产业结构、城镇化水平之间的空间效应，进一步认识京津冀地区雾霾污染治理效率及京津冀产业和人口的空间分布及时空格局演变规律具有重要的意义。本书沿着“基本理论与文献梳理→时空现状分析→京津冀雾霾污染与产业结构、城镇化的空间效应→三大城市群空间效应对比→环境效率与雾霾污染效率测度→京津冀雾霾、产业、人口空间集聚与时空格局演变”的基本路径展开系统分析。

与以往研究环境与经济增长关系的相关文献不同，本研究基于环境与产业基本理论深化研究的客观要求，在分析雾霾污染、产业结构、城镇化之间逻辑关系及作用机理的基础上，实证验证了京津冀地区雾霾污染与产业结构、城镇化水平之间的空间效应。具体而言，首先本书采用区位商值法、产业结构相似系数等方法，并引入引力模型，对京津冀地区雾霾污染、产业结构、城镇化水平及城市群的时空现状进行了分析；其次对京津冀地区雾霾污染进行空间相关性检验，可知京津冀地区雾霾污染存在显著的正空间相关性，具有明显的空间溢出效应，在此基础上，通过采用空间邻接、地理距离和经济地理三种空间关联权重矩阵，构建空间计量模型，使用空间回归偏微分方法对京津冀地区雾霾污染与产业结构、城镇化水平的直接效应、间接效应和总效应进行实证分析；然后对三大城市群的空间效应进行对比分析，进一步明确京津冀地区雾霾污染的主要成因；最后使用数据包络法（DEA）选取相关指标对京津冀地区的环境效率和雾霾污染治理效率进行测度，使用标准差椭圆方法（SDE）进一步对京津冀地区的雾霾、产业、人口的空间集聚和时空格局演变进行深入分析。具体研究结论如下：

（1）京津冀地区雾霾污染与产业结构、城镇化水平的时空分布密切相关

京津冀地区产业结构不合理，第二产业比重过高，特别是重化工行业比重过高，且城镇化质量水平整体不高，是导致京津冀地区雾霾污染在全国各省市排名前列的主要原因。北京市和天津市在空气质量、产业结构和城镇化水平上均优于河北省，但三地地区内发展不平衡，差异较大。京津冀地区的产业结构转型和城镇化水平质量提高的潜力巨大。整体而言，京津冀城市群在经济联系和交通联系强度有所增强，但需进一步发挥北京市和天津市的辐射带动作用。

（2）京津冀地区雾霾污染存在显著空间相关性，与产业结构、城镇化水平之间存在明显的空间效应

通过对京津冀地区的雾霾污染空间相关性检验发现京津冀地区的雾霾污染具有明显的空间集聚效应。在不同的空间关联权重矩阵下，雾霾污染与产业结构呈“倒U形”曲线形状，产业结构不仅使京津冀各省市自身的雾霾污染加重，还会使其周边地区雾霾污染加重；城镇化水平对京津冀地区的雾霾污染具有促增和抑制两个相反方向的作用；实际人均GDP的提高有利于改善京津冀地区的雾霾污染，但产业转移会对邻接或相近地区的雾霾污染产生促增作用；外商直接投资额的增加、对外贸易依存度的提高和人口密度的增加不利于京津冀地区雾霾污染的改善。产业结构的优化升级，城镇化水平质量的不断提高，均会对本地区及周边地区雾霾污染产生负的外部性。

京津冀、长三角和珠三角三大城市群雾霾污染均具有一定的空间依赖性，珠三角城市群雾霾污染空间相关性弱于其他两个城市群，并呈波动式

发展。但三大城市群雾霾污染的成因又各不相同，产业结构和城镇化水平空间效应强弱也不同，各因素不仅对各城市群本地区也会对其周边地区的雾霾污染造成影响，同时还存在反馈效应。

（3）京津冀地区雾霾治理效率有待进一步提高，雾霾、产业和人口具有空间集聚性且时空格局演变呈一定规律性变化

京津冀地区整体环境效率较低，呈下降趋势，且地区间不平衡，雾霾污染治理效率在全国范围内偏低，总体上低于长三角和珠三角城市群。京津冀地区雾霾污染具有较明显的空间集聚特征，且呈“东北—西南”方向分布的空间格局并向两边延展；京津冀地区第二产业与雾霾污染的偏移方向大致相同，第三产业与雾霾污染扩散方向相反，雾霾污染行业等子类行业时空演化规律与京津冀产业转移方向一致，且各类型子行业与雾霾污染的空间差异系数较小。京津冀地区人口空间集聚度下降且在空间格局扩散的方向与展布基本与雾霾污染扩散方向和展布一致。三大城市群在雾霾、产业和人口的空间分布及时空格局演化上呈不同特征。

8.2 政策建议

京津冀地区具有重要的战略地位，京津冀协同发展又被上升为国家战略，京津冀地区的发展关系到我国经济的可持续发展，在中国经济转型过程中担负着重大使命，因此要切实解决京津冀地区环境污染、“大城市病”等问题。京津冀地区的雾霾污染防治必须要从源头上进行控制，伦敦的“烟雾事件”后采取了一系列的治理措施，出台了《清洁空气法》《污染控制法》《环境法》等一系列法律，改善产业结构，推广清洁能源等，这些都为京津冀地区的雾霾治理提供了借鉴经验，目前已相继出台了《大气污染防治法》《大气污染防治行动计划》《北京市大气污染防治条例》等相关法律和条例，并对各省市减霾目标提出明确要求。但仍需进一步细化标准，提高环境标准，配合税收、确权等市场激励措施，加大惩处力度，

杜绝相关污染事件的发生。此外，京津冀地区的雾霾污染治理必须与产业结构调整、城镇化进程结合在一起，京津冀地区雾霾污染具有显著的空间溢出效应，必须制定区域性的联防联控措施，才能在“源头”和“末端”科学合理地解决该地区的雾霾污染问题。

（1）调整产业间和产业内部结构，形成产业的链式发展

调整产业结构，区域联防联控需进一步加强。重工业比重偏高，产业结构不合理，是京津冀地区雾霾污染严重的主要原因之一，因此政府应适时进一步弱化 GDP 考核，强化绿色环保的考核。北京市产业结构比较合理，天津市和河北省产业结构相似度较高，第二产业比重过高，尤其是河北省要重点进行产业结构的优化，不断降低第二产业比重，加快传统产业的改造升级，改变能源结构，大力推动汽车制造业、交通运输设备、计算机、通信和其他电子设备制造业等新兴产业的发展，依托京津，发展物流、会展经济、金融业、信息服务、旅游休闲等现代服务业，提高第三产业比重。同时，进行工业产业结构内部调整，引进新技术减少污染排放量，淘汰落后产能，节能减排，关停高污染高耗能产业，尽快完成脱硫脱销除尘改造。在进行产业转移和产业承接时，京津与河北省各市形成梯度，河北省承接现代制造业，避免雾霾污染从一个区域传染到另一个区域，雄安新区重点发展高端高新产业和服务业，生态优先，以雄安新区的设立带动河北省各市产业结构的优化升级，以区域产业结构调整优化、协同发展推动京津冀雾霾的联合治理。

整体而言，目前京津冀地区产业的链式发展尚未完全形成，产业间的联系尚不紧密，处于松散无序状态，相关配套设施不完善，与长三角和珠三角城市群的产业链相比还有很大差距。因此，在调整产业间和产业内部结构、以产业结构优化升级推动京津冀雾霾联合治理的同时还要注重京津冀地区产业链的构建，在继续完善京津产业链的同时加强北京市与河北省、天津市与河北省之间产业链的构建，缩小河北省与京津的差距，逐步打造分工合理、产业联系紧密的产业链条的同时注重绿色产业和节能环保型产业的发展，坚决杜绝产生雾霾污染的产业，补足产业链短板，通过发展高端制造业、服务业等提高京津冀地区产业的科技含量和环境标准，从

根本上消除雾霾产生的根源。

（2）提高城镇化的综合质量，完善城市功能

进一步采取措施强化城镇化对雾霾污染的抑制作用，弱化促增作用，提升城镇化发展质量。改变以煤炭为主的生产、生活能源消费结构，降低煤炭消费量，优化能源消费结构，提高能源使用效率，大力推广清洁能源的使用，同时政府还要加强对新能源研发和推广企业的政策扶持和税收补贴，鼓励企业在技术研发和减霾上的积极性。

进一步完善城市功能，加快京津冀地区各城市基础设施和环保设施的建设及共享。城市功能及各项设施的完善有利于增强城市综合能力，提高城镇化质量。在京津冀地区城镇化发展过程中，要树立绿色生态理念，大力加强煤气工程改造，加强城市绿化工程建设，增加城市绿地面积，通过循环利用加强对城市固体废物的改造和无害化处理。同时提高油品质量，控制汽车尾气排放，在城镇化发展同时推进城市交通系统的绿色环保，大力发展城市轨道交通建设，积极推广新能源汽车等低碳交通工具的使用，加快城市交通路网的建设，增强与京津的城市联系度，加快实现京津冀交通一体化；对新建建筑提倡使用节能建筑，从而减少汽车尾气、扬尘等雾霾污染源的产生。通过环保设施的共享，进一步提升城市运行效率，降低雾霾防治成本。作为京津冀地区的核心，北京市和天津市要进一步控制城市的过度扩张，北京市应进一步弱化城市功能，借助雄安新区的设立，进行首都功能疏解，河北省应完善城市功能，提高城镇化增速，增强各市的吸引力，促进城市要素的转移。

（3）提高雾霾治理效率，控制人口密度集中地区的人口

加大环境治理投入，提高京津冀地区环境效率及雾霾污染治理效率，建立合理的区域补偿机制。在引进外资和发展对外贸易时，加强环保意识，对外来招商引资产业要提高环境的准入门槛和环境规制强度，避免成为“污染天堂”；同时可借助跨国公司的环保、污染控制技术优势，促进京津冀各地区环保技术的研发及应用，提高环境的投入产出比，进而提高京津冀各地区的雾霾治理效率，最终达到促进京津冀地区产业结构及外贸结构的优化、改善雾霾污染状况的目的。

缓解京津冀地区的雾霾污染，还要控制人口密度集中地区的人口。控制北京、天津大城市人口规模，防止人口过度集中，降低因人口过度集聚产生的交通拥堵、雾霾污染等问题，引导人口向中小城市分散，增强中小城市的吸纳能力。同时要将人口的迁移与产业的转移相结合，尤其是雄安新区设立以后，集中疏解北京的非首都功能，将与北京首都功能不相符的基础产业、低端制造业、批发零售等逐步疏解出去，从而控制人口规模。也可以通过人才培训、就业帮扶等制度进一步缩小京津冀地区城乡差距，提升人力资本水平；人口素质的提升，有利于增强生态文明和雾霾减排理念，技术型人口和知识型人口的增加才会带来技术产业和知识产业的发展，进而促进产业结构的优化和升级，从而改变京津冀地区雾霾污染状况。

（4）产业转移与城市群空间布局优化相结合，拓展多中心空间格局

产业结构调整和产业转移在一定程度上能缓解京津冀地区的雾霾污染。目前，京津冀各地区产业比较优势具有明显差异，产业互补成为可能。根据产业转移的规律，产业转移一般从核心城市流向外围次级中心城市，进而流向中小城市。但从目前京津冀地区现状来看，北京市和天津市对于周边地区各中小城市辐射能力较弱，特别是河北省各市基础设施、城市功能不完善，难以承接北京市和天津市的组织功能和产业转移。因此，首先，要加快对中小城市的扶植，特别是雄安新区的建设，使之更好地承接京津等某些城市功能的重要载体。其次，还必须要与城市群空间布局优化相结合，拓展多中心空间格局，才能更进一步地解决雾霾污染问题。通过产业转移的优质化和高级化实现城市群空间布局优化，通过城市群空间布局优化促进产业转移的更高级化，同时注重绿色低碳发展，在对京津冀地区城市空间布局优化规划中，提高环保要求，限制高雾霾污染产业的进入，对采用先进技术脱销脱硫的企业提供政策支持和激励措施，并将这些措施规范化和制度化。再次，在对高雾霾污染产业进行技术改造时，要大力发展新能源等雾霾污染少的高新技术产业和新兴战略产业。最后，加强对环京津贫困带的经济补偿，建立长期稳定的补偿机制，增强环京津贫困带与生态农业、现代旅游业等的深度融合，构建区域合作机制，促进经济

发展与雾霾减排的良性循环。

京津冀城市群的空间布局目前存在很多不合理的地方，各城市功能定位不清晰，这也是京津冀地区难以发展的原因之一。京津冀城市群空间的布局优化有利于区域产业链的形成，有利于京津冀进一步融入全球产业链中去，从而将京津冀打造成世界级城市群。重塑京津冀城市群的空间布局，发展“多增长极多发展轴”，拓展多中心空间格局。以北京市、天津市为双核的复合型中心城市模式，同时发展唐山市、石家庄市、张家口市、廊坊市、保定市等次级中心，这种多中心格局有利于形成合理的链式产业分工，增强重心城市的辐射和带动作用。其中，核心城市应发展金融、文化、服务业等都市型产业，唐山市、石家庄市、廊坊市、保定市等次级中心发展与核心城市协作配合的制造业，北部城市张家口市、承德市等地发展生态涵养产业，形成京津塘现代服务业、先进制造业与高新技术产业聚集区；秦皇岛市、唐山市、沧州市等重化工、先进制造业的产业聚集区；京保石战略新兴产业、健康养老等服务业的聚集区；从而形成京津冀地区的“中心—外围”的产业发展的城市群空间布局，严禁高耗能、高污染、高排放产业，将城市群空间布局与环境保护、生态建设相结合，以优化城市群空间布局，减少雾霾污染。

（5）完善和建立环境规制与生态补偿政策

京津冀各地区要素禀赋状况、产业结构等方面都存在巨大差异，目前我国正处于经济转型的关键时期，特别是京津冀协同发展已进入全面实施阶段，生态文明建设、绿色发展成为主题，粗放型的经济增长方式已不适应京津冀地区发展水平，重污染产业的发展阻碍了产业结构的升级和转型，给环境带来巨大破坏，降低了居民生活质量，因此政府必须继续出台相关环境标准，提高环境规制强度。环境规制强度的提高有利于京津冀地区重雾霾污染企业的技术改造，加快落后产能企业的淘汰速度，提升技术密集型和知识密集型产业的比重，有利于推动京津冀地区产业结构的优化升级，有助于“腾笼换鸟”促进产业由粗放型向集约型、质量型、有效型转变，从而推动本地区雾霾污染的缓解。但在京津冀产业转移过程中，有可能会将污染企业转入河北经济相对落后地区，甚至京津冀以外地区，使得雾霾污染发生区际转移。因此，在淘汰落后产能、引入先进技术的同时，还要制定完善的生态补偿政策。目前，各级政府还未建立起有效的补偿机制，可对淘汰落后产能退出的企业进行直接收购或间接补偿，对退出企业的员工进行专项资金补偿，提供再就业培训等服务，在未来很长一段时间内政府要出台相关补偿机制和激励机制，建立生态补偿基金，引进产权制度，不断完善和健全生态补偿机制，探索跨区域的府际合作治理及空气排污指标交易新模式等，从而提高环境效率和雾霾治理效率。

8.3 研究展望

尽管本研究力争对京津冀地区雾霾、产业结构和城镇化水平之间的空间效应及三者的空间分布、时空演变规律进行了全面、系统、深入的分析，但限于本人的研究能力和相关数据资料难以获得，本书的研究仍存在诸多不足之处和需要进一步深入研究的方面。

1. 本书在对京津冀地区雾霾污染、产业结构、城镇化水平之间的空间效应进行研究的指标选择上，由于受地级市数据资料所限，未将各地级市的能源消费情况、气候等自然条件等考虑在内。

2. 本书力争对京津冀地区雾霾、产业和城镇化之间的空间效应进行全面分析，但不可否认模型还存在进一步改进的空间。第一，对于城镇化水平的测度存在进一步改进的余地，加入城镇化质量水平的评价指标。第二，本书选取实际人均 GDP 衡量经济增长，存在一定局限性，未来可选取夜间灯光数据进行代替。

3. 雾霾治理效率的评价方法及测度仍需进一步完善。本书首次对京津冀地区雾霾污染的治理效率进行了测度，但受限于雾霾投入产出数据获得途径，仅从各省角度进行测度，未能体现出河北省各地级市内部差异，将在今后的研究中进一步完善。

参考文献

中文参考文献

[1] 阿尔弗雷德·韦伯著. 工业区位论[M]. 北京：商务印书馆，1997.

[2] 埃比尼泽·霍华德. 明日的田园城市[M]. 金经元，译. 北京：商务印书馆，2000.

[3] 艾伯特·赫希曼. 经济发展战略[M]. 北京：经济科学出版社，1991.

[4] 戴宏伟. 国际产业转移与中国制造业发展[M]. 北京：人民出版社，2006.

[5] 郭书田，刘纯彬. 失衡的中国[M]. 石家庄：河北人民出版社，1990 .

[6] 龚仰军. 产业结构与产业政策[M]. 上海：立信会计出版社，1999.

[7] 赫茨勒. 世界人口的危机[M]. 北京：商务印书馆，1963.

[8] 克里斯塔勒. 德国南部的中心地[M]. 北京：商务印书馆，2010.

[9] 李国平. 产业转移与中国区域空间结构优化[M]. 北京：科学出版社，2016.

[10] 苏东水. 产业经济学[M]. 北京：高等教育出版社，2000.

[11] 孟德拉斯. 农民的终结[M]. 北京：中国社会科学出版

社，1991.

[12] 沃纳·赫希．城市经济学[M]. 北京：中国社会科学出版社，1990.

[13] 王宝林，刘海泉．工业经济学教程[M]. 山西：山西经济出版社，1993.

[14] 魏后凯．现代区域经济学[M]. 北京：经济管理出版社，2011.

[15] 小岛清．对外贸易论[M]. 天津：南开大学出版社，1984.

[16] 西蒙·库兹涅茨．各国的经济增长[M]. 北京：商务印书馆，1985.

[17] 杨治．产业经济学导论[M]. 北京：中国人民大学出版社，1985.

[18] 约翰·冯·杜能．孤立国同农业和国民经济的关系[M]. 北京：商务印书馆，2009.

[19] 于刃刚，戴宏伟．京津冀区域经济协作与发展：基于河北视角的研究[M]. 北京：中国市场出版社，2006.

[20] 张培刚，杨建文．新发展经济学[M]. 河南：河南人民出版社，1999.

[21] 安虎森．空间经济学：新视角 新解读——空间经济学（新经济地理学）专栏点评[J]. 西南民族大学学报（人文社科版），2008(08)：102.

[22] 白永平，张晓州，郝永佩，宋晓伟．基于SBM - Malmquist - Tobit模型的沿黄九省（区）环境效率差异及影响因素分析[J]. 地域研究与开发，2013（04）：90 - 95.

[23] 包群，彭水军．经济增长与环境污染：基于面板数据的联立方程估计[J]. 世界经济，2006（11）：48 - 58.

[24] 陈浩，陈平，罗艳．京津冀地区环境效率及其影响因素分析[J]. 生态经济，2015（08）：142 - 146.

[25] 陈诗一．工业二氧化碳的影子价格：参数化和非参数化方法[J]. 世界经济，2010，33（08）：93 - 111.

[26] 陈建先. 空间计量经济学文献综述 [A]. 中国数量经济学会. 21世纪数量经济学（第12卷）[C]. 中国数量经济学会: 中国数量经济学会, 2011: 15.

[27] 程前昌. 中国地面交通线路密度的空间差异及其人文影响因素分析[J]. 亚热带资源与环境学报, 2007 (12): 60-68.

[28] 程李梅, 庄晋财, 李楚, 陈聪. 产业链空间演化与西部承接产业转移的“陷阱”突破[J]. 中国工业经济, 2013 (08): 135-147.

[29] 戴宏伟. “大北京”经济圈产业梯度转移与结构优化[J]. 经济理论与经济管理, 2004 (02): 66-70.

[30] 戴宏伟. 产业梯度、产业双向转移与中国制造业发展[J]. 经济理论与经济管理, 2006 (12): 45-50.

[31] 戴宏伟. 国际产业转移的新趋势及对我国的启示[J]. 国际贸易, 2007 (02): 45-59.

[32] 戴宏伟. 中国制造业参与国际产业转移面临的新问题及对策分析[J]. 中央财经大学学报, 2007 (07): 69-74.

[33] 戴宏伟, 丁建军. 社会资本与区域产业集聚: 理论模型与中国经验[J]. 经济理论与经济管理, 2013 (06): 86-99.

[34] 戴宏伟, 刘敏. 京津冀与长三角区域竞争力的比较分析[J]. 财贸经济, 2010 (01): 127-133.

[35] 戴宏伟, 王云平. 产业转移与区域产业结构调整的关系分析[J]. 当代财经, 2008 (02): 93-98.

[36] 丁镭. 中国城市化与空气环境的相互作用关系及EKC检验[D]. 中国地质大学, 2016.

[37] 段博川, 孙祥栋. 城镇化进程与环境污染关系的门槛面板分析[J]. 统计与决策, 2016 (22): 102-105.

[38] 段小微, 叶信岳, 房会会. 区域经济差异常用测度方法与评价——以河南省为例[J]. 河南科学, 2014 (04): 632-638.

[39] 杜雯翠, 何浩然, 张平淡. 小城镇、城市群与环境污染[J]. 城市问题, 2014 (05): 97-101.

[40] 杜江，刘渝．城市化与环境污染：中国省际面板数据的实证研究[J]．长江流域资源与环境，2008（06）：825－830.

[41] 杜颖，肖荣阁，朱春华．河北经济增长与环境污染关系的检验[J]．中国矿业，2015，24（09）：62－68.

[42] 东童童，李欣，刘乃全．空间视角下工业集聚对雾霾污染的影响——理论与经验研究[J]．经济管理，2015，37（09）：29－41.

[43] 方齐云，曹金梅．城市化、产业结构与人均碳排放——理论推演与实证检验[J]．天津财经大学学报，2016（05）：77－88.

[44] 冯博，王雪青．考虑雾霾效应的京津冀地区能源效率实证研究[J]．干旱区资源与环境，2015，29（10）：1－7.

[45] 傅十和，洪俊杰．企业规模、城市规模与集聚经济——对中国制造业企业普查数据的实证分析[J]．经济研究，2008（11）：112－125.

[46] 顾朝林，庞海峰．建国以来国家城市化空间过程研究[J]．地理科学，2009，29（01）：10－14.

[47] 郭丽．产业区域转移粘性分析[J]．经济地理，2009，29（03）：395－398.

[48] 郭俊华，刘奕玮．我国城市雾霾天气治理的产业结构调整[J]．西北大学学报（哲学社会科学版），2014，03（44－2）：85－89.

[49] 郭文．基于环境规制、空间经济学视角的中国区域环境效率研究[D]．南京航空航天大学，2016.

[50] 何枫，马栋栋．雾霾与工业化发展的关联研究——中国74个城市的实证研究[J]．软科学，2015，29（06）：110－114.

[51] 何雄浪，郑长德，杨霞．空间相关性与我国区域经济增长动态收敛的理论与实证分析——基于1953—2010年面板数据的经验证据[J]．财经研究，2013，39（07）：82－95.

[52] 何小钢．结构转型与区际协调：对雾霾成因的经济观察[J]．改革，2015（05）：33－42.

[53] 胡飞．产业结构升级、对外贸易与环境污染的关系研究[J]．经济问题探索，2011（07）：113－118.

[54] 胡宗义，刘亦文．能源消耗、污染排放与区域经济增长关系的空间计量分析[J]．数理统计与管理，2015（01）：1－9.

[55] 黄棣芳．基于面板数据对工业化与城市化影响下经济增长与环境质量的实证分析[J]．中国人口·资源与环境，2011，21（12）：17－20.

[56] 黄亚林，丁镭，张冉．武汉市城市化过程中的空气质量响应研究［J］．安全与环境学报，2015，15（3）：284－289.

[57] 黄晓燕，曹小曙，李涛．海南省区域交通优势度与经济发展关系[J]．地理研究，2011，30（06）：985－999.

[58] 靳刘蕊．中国城市化质量的因子分析[J]．山西统计，2003（11）：9－10.

[59] 姜磊，柏玲．空间面板模型的进展：一篇文献综述[J]．广西财经学院学报，2014，27（06）：1－8.

[60] 蒋洪强，张静，王金南，张伟，卢亚灵．中国快速城镇化的边际环境污染效应变化实证分析[J]．生态环境学报，2012（02）：293－297.

[61] 冷艳丽，杜思正．产业结构、城市化与雾霾污染[J]．中国科技论坛，2015（09）：49－55.

[62] 李鹏．产业结构调整与环境污染之间存在倒U型曲线关系吗？[J]．经济问题探索，2015（12）：56－67.

[63] 李姝．城市化、产业结构调整与环境污染[J]．财经问题研究，2011（06）：38－43.

[64] 李国平，张杰斐．京津冀制造业空间格局变化特征及其影响因素[J]．南开学报（哲学社会科学版），2015（01）：90－96.

[65] 李国平，王立明，杨开忠．深圳与珠江三角洲区域经济联系的测度及分析[J]．经济地理，2001（01）：33－37.

[66] 李占国，孙久文．我国产业区域转移滞缓的空间经济学解释及其加速途径研究[J]．经济问题，2011（01）：27－30＋64.

[67] 林光平，龙志，吴梅．我国地区经济收敛的空间计量实证分析：1978—2002年[J]．经济学（季刊），2005（10）：67－82.

[68] 林国先．城镇化道路的制度分析[J]．福建农林大学学报（哲学

社会科学版)，2002 (03)：8 – 12.

[69] 林毅夫. 中国的城市发展与农村现代化[J]. 北京大学学报（哲学社会科学版)，2002 (04)：12 – 15.

[70] 刘伯龙，袁晓玲，张占军. 城镇化推进对雾霾污染的影响——基于中国省级动态面板数据的经验分析[J]. 城市发展研究，2015 (09)：23 – 27.

[71] 刘慧. 区域差异测度方法与评价[J]. 地理研究，2006 (07)：710 – 718.

[72] 刘建朝. 京津冀城市群产业优化与城市进化协调发展研究[D]. 河北工业大学，2013.

[73] 刘涛，齐元静，曹广忠. 中国流动人口空间格局演变机制及城镇化效应——基于2000和2010年人口普查分县数据的分析[J]. 地理学报，2015，70 (04)：567 – 581.

[74] 刘晓红. 我国城镇化、产业结构与雾霾动态关系研究——基于省际面板数据的实证检验[J]. 生态经济，2016 (06)：19 – 25.

[75] 刘艳军，李诚固，王颖. 中国产业结构演变城市化响应强度的省际差异[J]. 地理研究，2010 (07)：1291 – 1304.

[76] 卢华，孙华臣. 雾霾污染的空间特征及其与经济增长的关联效应[J]. 福建论坛（人文社会科学版)，2015 (09)：44 – 51.

[77] 吕晨，樊杰，孙威. 基于ESDA的中国人口空间格局及影响因素研究[J]. 经济地理，2009，29 (11)：1797 – 1802.

[78] 吕健. 城市化驱动经济增长的空间计量分析：2000—2009 [J]. 上海经济研究，2011 (05)：3 – 15.

[79] 马丽梅，张晓. 中国雾霾污染的空间效应及经济、能源结构影响[J]. 中国工业经济，2014，04 (4)：19 – 31.

[80] 宁登，蒋亮. 转型时期的中国城镇化发展研究[J]. 城市规划，1999 (12)：17 – 19 + 60.

[81] 潘慧峰，王鑫，张书宇. 雾霾污染的持续性及空间溢出效应分析——来自京津冀地区的证据[J]. 中国软科学，2015 (12)：134 – 143.

［82］潘文卿．中国区域经济发展：基于空间溢出效应的分析[J]．世界经济，2015，38（07）：120－142.

［83］齐昕．城市化的经济发展效应——基于经济增长效应和空间溢出效应的分解分析视角[J]．统计与信息论坛，2013（06）：45－50.

［84］秦蒙，刘修岩，仝怡婷．蔓延的城市空间是否加重了雾霾污染——来自中国PM2.5数据的经验分析[J]．财贸经济，2016（11）：146－160.

［85］任宇飞，方创琳，蔺雪芹．中国东部沿海地区四大城市群生态效率评价[J]．地理学报，2017，72（11）：2047－2063.

［86］孙久文，原倩．"空间"的崛起及其对新经济地理学发展方向的影响[J]．中国人民大学学报，2015，29（01）：88－95.

［87］孙久文，罗标强．基于修正引力模型的京津冀城市经济联系研究[J]．经济问题探索，2016（08）：71－75.

［88］孙铁山，刘霄泉，李国平．中国经济空间格局演化与区域产业变迁——基于1952—2010年省区经济份额变动的实证分析[J]．地理科学，2015，35（01）：56－65.

［89］孙久文，姚鹏．空间计量经济学的研究范式与最新进展[J]．经济学家，2014（07）：27－35.

［90］孙铁山．中国三大城市群集聚空间结构演化与地区经济增长[J]．经济地理，2016，36（05）：63－70.

［91］邵帅，李欣，曹建华，杨莉莉．中国雾霾污染治理的经济政策选择——基于空间溢出效应的视角[J]．经济研究，2016（09）：73－88.

［92］沈映春，闫佳琪．京津冀都市圈产业结构与城镇空间模式协同状况研究——基于区位熵灰色关联度和城镇空间引力模型[J]．产业经济评论，2015（11）：23－34.

［93］石敏俊，郑丹，雷平，袁静沛．中国工业水污染排放的空间格局及结构演变研究[J]．中国人口·资源与环境，2017，27（05）：1－7.

［94］童玉芬，王莹莹．中国城市人口与雾霾：相互作用机制路径分析[J]．北京社会科学，2014（05）：4－10.

［95］唐秀美，郜允兵，刘玉，等．京津冀地区县域人均GDP的空间

差异演化及其影响因素[J]. 北京大学学报（自然科学版），2017，53（6）：1089－1098.

[96] 王立平，任志安．空间计量经济学研究综述[J]. 湖南财经高等专科学校学报，2007（06）：25－28.

[97] 王波，张群，王飞．考虑环境因素的企业 DEA 有效性分析[J]. 控制与决策，2002（01）：24－28.

[98] 王芳．产业结构与环境污染实证研究[D]. 陕西师范大学，2008.

[99] 王会，王奇．中国城镇化与环境污染排放：基于投入产出的分析[J]. 中国人口科学，2011（05）：57－66.

[100] 王家庭，曹清峰．京津冀区域生态协同治理：由政府行为与市场机制引申[J]. 区域经济，2014，05（243）：116－123.

[101] 王家庭，唐袁．我国区域间城市化水平不平衡的测度研究[J]. 城市发展研究，2009，16（10）：7－12.

[102] 王俊松．长三角制造业空间格局演化及影响因素[J]. 地理研究，2014，33（12）：2312－2324.

[103] 王连芬，孙平平．区域环境治理效率测的评价指标体系研究[J]. 统计与决策，2012（10）：60－62.

[104] 王瑞鹏，王朋岗．城市化、产业结构调整与环境污染的动态关系——基于 VAR 模型的实证分析[J]. 工业技术经济，2013，32（01）：26－31.

[105] 王兴杰，谢高地，岳书平．经济增长和人口集聚对城市环境空气质量的影响及区域分异——以第一阶段实施新空气质量标准的 74 个城市为例[J]. 经济地理，2015，35（02）：71－76.

[106] 王伟．中国三大城市群空间结构及其集合能效研究[D]. 同济大学，2008.

[107] 王业强，魏后凯，蒋媛媛．中国制造业区位变迁：结构效应与空间效应——对“克鲁格曼假说”的检验[J]. 中国工业经济，2009（07）：44－55.

[108] 王颖，杨利花．跨界治理与雾霾治理转型研究——以京津冀区

域为例[J]. 东北大学学报（社会科学版），2016（07）：388－393.

[109] 王乐平. 赤松要及其经济理论[J]. 日本学刊，1990（03）：119－129.

[110] 魏后凯，王业强，苏红键，郭叶波. 中国城镇化质量综合评价报告[J]. 经济研究参考，2013（31）：3－32.

[111] 肖海平. 区域产业结构低碳转型研究——以湖南省为例[D]. 华东师范大学，2012.

[112] 肖周燕. 中国人口空间集聚对生产和生活污染的影响差异化[J]. 中国人口、资源与环境，2015，25（13）：128－134.

[113] 谢呈阳，周海波，胡汉辉. 产业转移中要素资源的空间错配与经济效率损失：基于江苏传统企业调查数据的研究[J]. 中国工业经济，2014（12）：130－142.

[114] 杨冬梅，万道侠，杨晨格. 产业结构、城市化与环境污染——基于山东的实证研究[J]. 经济与管理评论，2014（02）：67－74.

[115] 杨丽华，孙桂平. 京津冀城市群交通网络综合分析[J]. 地理与地理信息科学，2014（03）：77－81.

[116] 杨开忠，冯等田，沈体雁. 空间计量经济学研究的最新进展[J]. 开发研究，2009（02）：7－12.

[117] 杨强，李丽，王运动，王心源，陆应诚. 1935—2010年中国人口分布空间格局及其演变特征[J]. 地理研究，2016，35（08）：1547－1560.

[118] 杨仁发. 产业集聚能否改善中国环境污染[J]. 中国人口、资源与环境，2015（02）：23－29.

[119] 叶裕民. 中国城市化的制度障碍与制度创新[J]. 中国人民大学学报，2001（05）：32－38.

[120] 俞路，张善余. 近年来北京市人口分布变动的空间特征分析[J]. 北京社会科学，2006（01）：7－12.

[121] 于伟，张鹏. 城市化进程、空间溢出与绿色经济效率增长——基于2002—2012年省域单元的空间计量研究[J]. 经济问题探索，2016（01）：77－82.

[122] 苑清敏，申婷婷，邱静. 中国三大城市群环境效率差异及其影

响因素[J]. 城市问题，2015 (07)：10-18.

[123] 曾贤刚. 中国区域环境效率及其影响因素[J]. 经济理论与经济管理，2011 (10)：103-110.

[124] 曾浩，杨天池，高苇. 区域经济空间格局演化的实证分析[J]. 统计与决策，2016 (01)：106-109.

[125] 张可云，杨孟禹. 国外空间计量经济学研究回顾、进展与述评[J]. 产经评论，2016，7 (01)：5-21.

[126] 张可云，傅帅雄. 环境规制对产业布局的影响——"污染天堂"的研究现状及前景[J]. 现代经济探讨，2011 (02)：65-68.

[127] 张少华. 经济全球化对我国环境污染影响的实证研究——基于行业面板数据[J]. 国际贸易问题，2009 (11)：68-79.

[128] 张弢，李松志. 产业区域转移形成的影响因素及模型探讨[J]. 经济问题探索，2008 (01)：49-53.

[129] 张腾飞. 城镇化对中国碳排放效率的影响[D]. 重庆大学，2016.

[130] 张悦，赵晓丹. 中国经济增长与环境污染关系的研究——基于环境库兹涅茨曲线的实证分析[J]. 经济研究导刊，2014，26 (244)：13-16.

[131] 张征宇，朱平芳. 地方环境支出的实证研究[J]. 经济研究，2010 (05)：82-94.

[132] 张子龙，薛冰，陈兴鹏，李勇进. 中国工业环境效率及其空间差异的收敛性[J]. 中国人口·资源与环境，2015 (02)：30-38.

[133] 赵璐，赵作权. 中国沿海地区经济空间差异的动态演化[J]. 世界地理研究，2014，23 (01)：45-54.

[134] 赵璐，赵作权. 中国经济的空间差异识别[J]. 广东社会科学，2014 (04)：25-32.

[135] 赵璐，赵作权. 北京市产业空间圈层结构与布局优化[J]. 开发研究，2017 (02)：46-48+174-177+49-52.

[136] 赵璐，赵作权. 中国制造业的大规模空间聚集与变化[J]. 数量经济技术经济研究，2014 (10).

[137] 郑重，于光，周永章，高全洲．区域可持续发展机制响应：资源环境一体化中的京津冀产业转移研究[J].资源与产业，2009，11（02）：26－29.

[138] 赵作权．地理空间分布整体统计研究进展[J].地理科学进展，2009，28（01）：1－8.

[139] 赵作权，宋敦江．中国经济空间演化趋势与驱动机制[J].开发研究，2011（02）：1－5.

[140] 周建，高静，周杨雯倩．空间计量经济学模型设定理论及其新进展[J].经济学报，2016，3（02）：161－190.

英文参考文献

[1] Baumol, W. J., Oates, W. E. The theory of environmental policy [M]. Cambridge: Cambridge university press, 1988.

[2] Bachi R. Standard distance measures and related methods for spatial analysis [J]. Papers of the Regional Science Association, 1963, 10 (1): 83－132.

[3] Chris Topher Wilson, The Dictionary of Demography [M]. Oxford: Basil Blackwell Ltd, 1986.

[4] Copeland, B. R., Taylor, M. S., International Trade and the Environment: Theory and Evidence [M]. Princeton University Press, 2003.

[5] Elhorst et al. Spatial Econometrics: From Cross－sectional Data to Spatial Panels [M]. Springer, 2014.

[6] KE Haynes, S Ratick, J Cummings－Saxton. Cummings－Sexton. Pollution prevention frontiers: A data envelopment simulation [M]. Environmental Program Evaluatian: A Prime. Urbana: University of Illionois Press 1997.

[7] Hillier F S, Lieberma G J. Introduction to operations research [M]. Holden－Day, 2015.

[8] Lesage J P, Pace R K. Introduction to spatial econometrics [M] //

Introduction to spatial econometrics /. CRC Press, 2009.

[9] Leonard, Jeffrey H. Pollution and the struggle for the world product: multinational corporations, environment, and inte [M]. Cambridge University Press, 1988.

[10] Myrdal G. Economic theory and under – developed regions [M]. Harper & Brothers Publishers, 1957.

[11] Andreoni J. , Levinson A. The simple analytics of the environmental Kuznets curve [J]. Journal of public economics, 2001 (2): 269 – 286.

[12] Anselin, L. Spatial Econometrics: Methods and Models [J]. Studies in Operational Regional Science, 1988, 85 (411): 310 – 330.

[13] Anselin L. Local indicator of spatial association – LISA [J]. Geographical Analysis, 1995 (27): 91 – 115.

[14] Anselin L. Spatial Effects in Econometric Practice in Environmental and Resource Economics [J]. American Journal of Agricultural Economics, 2001, 83 (3): 705 – 710.

[15] Baldwin R E. , Venables A J. Regional economic integration [J]. Handbook of Intenational Economics, 1995, Vol. 3 (4): 1597 – 1644.

[16] Baumol W J. The Theory of Environmental Policy [M] // The theory of environmental policy. Cambridge University Press, 1988: 127 – 128.

[17] Berg S A. Forsund F R. , Jansen E S. Malmquist indices of productivity growth during the deregulation of Norwegian Banking [J]. Scandinavian Journal of Economics, 1992 (94): 211 – 228.

[18] Bing W, Wu Y, Yan P. Environmental Efficiency and Environmental Total Factor Productivity Growth in China's Regional Economies [J]. Economic Research Journal, 2010.

[19] Brajer V, Mead R W, Xiao F. Searching for an Environmental Kuznets Curve in China's air pollution [J]. China Economic Review, 2011, 22 (3): 383 – 397.

[20] Burak S, Dogˇ An E, Gaziogˇ Lu C. Impact of urbanization and

tourism on coastal environment [J]. Ocean & Coastal Management, 2004, 47 (9-10): 515-527.

[21] Case A. C., Rosen H. S. and Hines J. R. "Budget Spillovers and Fiscal Policy Interdependence: Evidence From the States" [J]. Journal of Public Economics, 1993, 52 (3): 285-307.

[22] Chang Y F, Lewis C, Lin S J. Comprehensive evaluation of industrial CO_2, emission (1989—2004) in Taiwan by input-output structural decomposition [J]. Energy Policy, 2008, 36 (7): 2471-2480.

[23] Charnes, A W. W. Cooper and E. Rhodes. Measuring the Efficiency of Decision Making Units [J]. European Journal of Operational Research, 1978 (2): 429-444.

[24] Cole M. A., Neumayer E. Examining the Impact of Demographic Factors on Air Pollution [J]. Population & Environment, 2004, 26 (1): 5-21.

[25] Cole M A. Trade, the pollution haven hypothesis and the environmental Kuznets curve: examining the linkages [J]. Ecological Economics, 2004, 48 (1): 71-81.

[26] Copeland, B. R., Taylor, M. S. Trade, Growth and Environment [J]. Journal of Economic Literature, 1994 (42): 7-17.

[27] Copeland B R, Taylor M S. Trade and the Environment: Theory and Evidence [J]. Canadian Public Policy, 2003, 6 (03): 339-365.

[28] Dasgupta S., Laplante B., Wang H, et al. Confronting the environmental Kuznets curve [J]. The Journal of Economic Perspectives, 2002 (1): 147-168.

[29] De Bruyn, S. and Heintz, R. "The Environmental Kuznets Curve Hypothesis." Handbook of Emviromnental Economics, Blackwell Publishing Co., Oxford, 1998: 656-677.

[30] Dinda S. Environmental Kuznets Curve Hypothesis: A Survey [J]. Ecological Economics, 2004 (49): 431-455.

[31] Dixit A K, Stiglitz J E. Monopolistic competition and optimum prod-

uct diversity [J]. American Economic Review, 1997, 67 (3): 297 -308.

[32] Donkelaar A. et al. Global Estimates of Ambient Fine Particulate Matter Concentrations from Satellite - based Aerosol Optical Depth: Development and Application [J]. Environmental Health Prospectives, 2010, 118 (6): 847 -855.

[33] Elhorst J P. Specification and Estimation of Spatial Panel Data Models [J]. Int. reg. sci. rev, 2003, 26 (3): 244 -268.

[34] Elhorst J P. Unconditional Maximum Likelihood Estimation of Linear and Log - Li near Dynamic Models for Spatial Panels [J]. Geographical Analysis, 2005, 37 (1): 85 -106.

[35] Elhorst et al. The SLX Model [J]. Journal of Regional Science, 2015 (2): 1 -25.

[36] Ehrhardt - Martinez K, Crenshaw E M, Jenkins J C. Deforestation and the Environmental Kuznets Curve: A Cross - National Investigation of Intervening Mechanisms [J]. Social Science Quarterly, 2002, 83 (1): 226 -243.

[37] Faere R, Grosskopf S, Lovell C A K, et al. Multilateral Productivity Comparisons When Some Outputs are Undesirable: A Nonparametric Approach [J]. Review of Economics & Statistics, 1989, 71 (1): 90 -98.

[38] Farrell M J. The Measurement of Productive Efficiency [J]. Journal of the Royal Statistical Society, 1957, 120 (3): 253 -290.

[39] Furfey P. H. A note on Lefever's "standard deviational ellipse" [J]. American Journal of Sociology, 1927 (33): 94 -98.

[40] Frank A. A. M. de Leeuw, Nicolas Moussiopoulos, Peter Sahm, Alena Bartonova Urban Air Quality in Larger Conurbations in the European Union [J]. Environment Modeling and Software, 2001, 16 (4): 399 -414.

[41] Friedmann J. Regional development policy: a case study of Venezuela [J]. Urban Studies, 1966, 4 (3): 309 -311.

[42] Gale L R, Mendez J A. A Note on the Empirical Relationship Between Trade, Growth and the Environment [C] // Arizona State University, Department of Economics, 1997: 53 -61.

[43] Gentry B S . Private capital flows and the environmentaessons from Latin America [J]. Yale Centre for Environmental Law and Policy, 1996 (89): 1089 - 1107.

[44] Gong J. Clarifying the Standard Deviational Ellipse [J]. Geographical Analysis, 2002, 34 (2): 155 - 167.

[45] Grossman G. and Krueger A. Environmental impacts of the North American Free Trade Agreement. NBER, workingpaper, no. 3914, 1991.

[46] Grossman G. M. , Krueger A. B. Economic Growth and the Environment [J]. The Quarterly Journal of Economics, 1995, 110 (2): 353 - 377.

[47] Guan D. X. , Su Q. , Zhang G. P. , Peters Z. , Liu Y. , Lei, and K. He, "The Socioeconomic Drivers of China's Primary PM2. 5 Emissions" [J]. Environmental Research Letters, 2014, 9 (2): 1 - 9.

[48] Hilton F G H, Levinson A. Factoring the Environmental Kuznets Curve: Evidence from Automotive Lead Emissions [J]. Discussion Papers, 1998, 35 (2): 126 - 141.

[49] Hossein H. M. , F Rahbar. Spatial Environmental Kuznets Curve for Asian Countries: Study of CO_2 and PM2. 5 [J]. Journal of Environmental Studies, 2011, 37 (58): 1 - 3.

[50] Hossein H. M. , Kaneko S. Can Environmental Quality Spread through Institutions [J]. Energy Policy, 2013 (56): 312 - 321.

[51] Hua Z, Bian Y, Liang L. Eco - efficiency analysis of paper mills along the Huai River: An extended DEA approach [J]. Omega, 2007, 35 (5): 578 - 587.

[52] Jessie P. H. Poon, Irene Casasa, Canfei He. The Impact of Energy, Transport, and Trade on Air Pollution in China [J]. Eurasian Geography and Economics, 2006, 47 (5): 568 - 584.

[53] John A, Pecchenino R. An Overlapping Generations Model of Growth and the Environment [J]. Economic Journal, 1994, 104 (427): 1393 - 1410.

[54] John O' Loughlin, Frank D. W. Witmer. The Localized Geographies

of Violence in the North Caucasus of Russia, 1999—2007 [J]. Annals of the Association of American Geographers, 2011, 101 (1): 178 -201.

[55] Jones L, Manuelli R. A Positive Model of Growth and Pollution Controls [J]. Working Papers, 1995.

[56] Khanna N. The income elasticity of non - point source air pollutants: revisiting the environmental Kuznets curve [J]. Economics Letters, 2002, 77 (3): 387 - 392.

[57] Kortelainen M. Dynamic environmental performance analysis: A Malmquist index approach [J]. Ecological Economics, 2008, 64 (4): 701 -715.

[58] Kuznets S. Economic growth and income in - equality [J]. The American Economic Review, 1955 (3): 1 -28.

[59] Krugman P. First nature, second nature and metropolitan location [J]. Journal of Regional Science, 1993 (33): 129 - 144.

[60] Krugman P. Increasing Returns and Economic Geography [J]. Journal of Political Economy, 1991, 99 (3): 483 -499.

[61] Kulldorff M. Tests of Spatial Randomness Adjusted for an Inhomogeneity: A General Framework [J]. Publications of the American Statistical Association, 2006, 101 (475): 1289 -1305.

[62] Lefever D. W. Measuring geographic concentration by means of the standard deviational ellipse [J]. The American Journal of Sociology, 1926 (1): 88 -94.

[63] Lewis W A. Economic Development with Unlimited Supplies of Labour [J]. Manchester School, 1954, 22 (2): 139 -191.

[64] Levinson A, Taylor M S. Unmasking the Pollution Haven Effect [J]. International Economic Review, 2008, 49 (1): 223 -254.

[65] Liddle B. Demographic Dynamics and Per Capita Environmental Impact: Using Panel Regressions and Household Decompositions to Examine Population and Transport [J]. Population & Environment, 2004, 26 (1): 23 -39.

[66] Liddle B., Lung S. Age - structure, urbanization, and climate

change in developed countries: revisiting STIRPAT for disaggregated population and consumption related environmental impacts [J]. Population and Environment, 2010 (5): 317 -343.

[67] López R. The Environment as a Factor of Production: The Effects of Economic Growth and Trade Liberalization [J]. Journal of Environmental Economics & Management, 1994, 27 (2): 163 -184.

[68] Low B. S, Heinen J. T. Population, resources, and environment: Implications of human behavioral ecology for conservation [J]. Population & Environment, 1993, 15 (1): 7 -41.

[69] Maddison D. Modelling Sulphur Emissions in Europe: A Spatial Econometric Approach [J]. Oxford Economic Papers, 2007, 59 (10): 726 -743.

[70] Mamuse A, Porwal A, Kreuzer O, et al. A new method for spatial centrographic analysis of mineral deposit clusters [J]. Ore Geology Reviews, 2009, 36 (4): 293 -305.

[71] Managi S. Pollution, natural resource and economic growth: an econometric analysis [J]. International journal of global environmental issues, 2006 (1): 73 -88.

[72] Mani M, Wheeler D. In Search of Pollution Havens? Dirty Industry in the World Economy, 1960—1995 [J]. Journal of Environment & Development, 1998, 7 (3): 215 -247.

[73] Martínez - Zarzoso I, Maruotti A. The impact of urbanization on CO_2, emissions: Evidence from developing countries [J]. Ecological Economics, 2011, 70 (7): 1344 -1353.

[74] Maruotti A. The impact of urbanization on CO_2 emissions: Evidence from developing countries [J]. Ecological Economics, 2011, 70 (7): 1344 -1353.

[75] Meadows D H. The Limits to Growth [M] // The Limits to growth: New American Library, 1972: 213 -244.

[76] Mcgee T. The Emergence of Desakota regions in Asia [M] // The Extended Metropolis: Settlement Transition Is Asia. 1991.

[77] Paelinck J, Klaassen L. Spatial econometrics [M]. Saxon House, Farnborough, 1979.

[78] Panayoutou T. Empirical Tests and Policy Analysis of Environmental Degradation at Different Stages of Economic Development [J]. Ilo Working Papers, 1993, 4.

[79] Parikh J, Shukla V. Urbanization, energy use and greenhouse effects in economic development: Results from a cross – national study of developing countries [J]. Global Environmental Change, 1995 (2): 87 – 103.

[80] Richmond A. K., Kaufmann R. K. Is there a Turning Point in the Relationship between Income and Energy Use and or Carbon Emissions? [J]. Ecological Economics, 2006 (56): 176 – 189.

[81] Poumanyvong P, Kaneko S. Does urbanization lead to less energy use and lower CO_2, emissions? A cross – country analysis [J]. Ecological Economics, 2010, 70 (2): 434 – 444.

[82] Repetto R, Austin D, Hutter C, et al. The Costs of Climate Protection. [J]. Washington, DC World Resources Institute, 1995 (4): 20 – 28.

[83] Robert S. Y. The standard deviational ellipse: an updated tool for spatial description [J]. Geografiska Annaler. Series B, Human Geography, 1971 (1): 28 – 39.

[84] Rupasinghal, A., Stephan J. Goetz, David L. Debertin, Angelos Pagoulatos. The Environmental Kuznets Curve for US Countries: A Spatial Econometric Analysis with Extensions [J]. Papers in Regional Science, 2004, 83 (4): 407 – 424.

[85] Sadorsky P. The effect of urbanization on CO_2, emissions in emerging economies [J]. Energy Economics, 2014, 41 (1): 147 – 153.

[86] Sander M. de Bruyn. Explaining the environmental Kuznets Curve: the case of sulphur emissions [J]. Vrije Universiteit Amsterdam, 1997 (13): 1 – 27.

[87] Schaltegger S, Sturm A. Environmental rationality [J]. Die Unternehmung, 1990, 4 (4): 117 – 131.

[88] Seiford L M, Zhu J. A response to comments on modeling undesirable factors in efficiency evaluation [J]. European Journal of Operational Research, 2005, 161 (2): 579 -581.

[89] Selden T., Song D. Neoclassical Growth the J Curve for Abatement, and the Inverted - U Curve for Pollution [J]. Journal of Environmental Economics and Management, 1995 (29): 162 -168.

[90] Stern D. Progress on the environmental Kuznets curve [J]. Environment and Development Economics, 1998 (3): 175 -198.

[91] Stokey N L. Are There Limits to Growth? [J]. International Economic Review, 1998, 39 (1): 1 -31.

[92] Vanhulsel M, Beckx C, Janssens D, et al. Measuring dissimilarity of geographically dispersed space - time paths [J]. Transportation, 2011, 38 (1): 65 -79.

[93] Verhoef E. T., Nijkamp P. Externalities in Urban Sustainability: Environmental versus Localization - type Agglomeration Externalities in a General Spatial Equilibrium Model of a Single - sector Monocentric Industrial City [J]. Ecological Economics, 2002, 40 (2): 157 -179.

[94] Vernon R. International investment and international trade in the product cycle [J]. International Economics Policies & Their Theoretical Foundations, 1966, 8 (4): 307 -324.

[95] Walter I, Ugelow J L. Environmental Policies in Developing Countries [J]. Ambio, 1979, 8 (2/3): 102 -109.

[96] Wheeler D. Racing to the Bottom? Foreign Investment and Air Pollution in Developing Countries [J]. Policy Research Working Paper, 2010, 10 (3): 225 -245.

[97] Wirth L. Urbanism as a Way of Life [J]. American Journal of Sociology, 1951, 44 (1): 1 -24.

[98] Xepapadeas A. Economic development and environmental pollution: traps and growth [J]. Structural Change and Economic Dynamics, 1997 (3):

327 - 350.

[99] Yih F. Chang, Charles Lewis, Sue J. Lin. Comprehensive Evaluation of Industrial CO_2 Emission (1989—2004) in Taiwan by Input - output Structural Decomposition [J]. Energy Policy, 2008, 36 (7): 2471 - 2480.

[100] York R., Rosa E. A., Dietz T. STIRPAT, IPAT, and ImPACT: analytic tools for unpacking the driving forces of environmental impacts [J]. Ecological economics, 2003 (3): 351 - 365.

[101] York R. Demographic trends and energy consumption in European Union Nations, 1960—2025 [J]. Social Science Research, 2007 (3): 855 - 872.

[102] Yue T X, Fan Z M, Liu J Y. Changes of major terrestrial ecosystems in China since 1960 [J]. Global & Planetary Change, 2005, 48 (4): 287 - 302.

[103] Yuill R S. The Standard Deviational Ellipse; An Updated Tool for Spatial Description [J]. Geografiska Annaler, 1971, 53 (1): 28 - 39.

致 谢

面对付出努力但仍觉着不完美的博士论文，回首三年的博士学习生涯的点滴，我不禁感慨万千。读博一直是我的梦想，并一直为此努力。一路走来，觉得自己十分幸运，三年的博士学习更让我觉得人生无比充实，收获良多，更结识了许多的良师益友，这都将成为我人生最宝贵的财富。

感谢我的导师戴宏伟老师。感谢他这三年来对我的关怀和指导，感谢他对我的谆谆教诲和悉心栽培，特别是在论文的写作过程中，从论文的选题、思路、框架、结构到最后的定稿，都离不开他的严格要求和辛苦付出，论文写作过程中遇到的每一个环节、每一个问题老师都会给我耐心讲解和悉心指导。三年来，戴老师温厚宽达、治学严谨、严于律己的人格魅力和精益求精、勇于创新的学术精神都深深地影响着我，为我未来的教师职业生涯树立了榜样，让我受益终身，是我人生中最宝贵的精神财富，也更加坚定了我未来的学术之路。

感谢中财经济学院的苏雪串、蒋选、齐兰、黄乃静、郭冬梅、张苏、孙菁蔚、王立勇、刘婧等老师，把我再一次带入知识的殿堂。感谢易成栋、姜玲、陈红霞、刘秩芳等老师在预答辩时给予的帮助。感谢中财经济学院的赵若思、胡燕等老师周到细致的工作。

感谢我的同门好友。感谢李慧玲师姐、周慧师姐、张斯琴师姐、丁建军师兄、曾冰师兄、王悦师姐、王明利师姐以及唐正霞、张白平、廉晓宇、毛培、何七香、王姗等同门和好友对我的支持和帮助，让我感受到了同门、同学间的情谊及家人般的温暖，祝愿你们万事如意，前程似锦！

感谢我的好朋友李铭娜，在我迷茫无助时给予我无私的帮助，从高中时代我们的友谊之路开始，直到大学、硕士、博士，一路走来见证了我们的成长和天长地久的友谊；感谢秦婷婷、陈波、乌松雪、张智、吕书额等一众好友的支持和帮助；感谢廊坊师范学院的领导和我可爱的同事们，在我求学三年中给予了很大的理解和支持。

最后，要特别感谢我的家人。感谢他们一直对我的默默支持、理解和关怀，感谢父母为我付出和牺牲。感谢家人一直对我的信任和付出，让我可以没有后顾之忧、心无旁骛地求学和进行学术研究，家人的包容与支持是我学习和工作的最大动力。还要特别感谢我的两个女儿，她们是我的软肋也是我的铠甲。一路走来，每每遭遇人生坎坷总能幸得贵人相助，让我一刻也不敢松懈，深恐辜负家人们的殷殷期待；一路走来，也见证了很多人性的美丽与丑陋，让我时刻警醒自己，砥砺前行。

谨以此书献给所有关心和帮助过我的人。在未来的日子里，我唯以孜孜不倦的努力报答戴老师对我的教诲和栽培，报答我身边所有关心和帮助我的人。

回　莹

2022 年 3 月